CMP BOOKS

机工IT

24小时 精通

AI Agent

快速定制你的智能体

邹健 刘海峰 冯昊 梁敏 高书葆 编著

U0348556

机械工业出版社
CHINA MACHINE PRESS

本书是一本 AI 智能体（AI Agent）应用与开发的实用手册。共分 6 章：认识 AI Agent、各具特色的 AI Agent 平台、用好 AI Agent 的关键——提示词（Prompt）、玩转 AI Agent、基于 AI 平台定制 AI Agent、基于开发工具定制企业级 AI Agent。无论技术背景如何，通过本书清晰的指导和丰富的实践案例，依照书中提供的学习路径，读者都能快速掌握 AI Agent 基本概念和实践技巧，快速上手 AI Agent。

本书是智能化的读物，特别配备了名为"才兔"的专属 AI Agent，可辅助读者学习阅读，增强用户体验和学习效果。

本书的读者对象包括：希望通过 AI Agent 提高团队协作效率的管理者和决策者；期望在日常工作中充分利用 AI Agent 提升执行效率的知识型工作者，如市场人员、数据分析师、研究人员等；想要学习如何定制 AI Agent 的开发人员和技术爱好者；关注 AI 应用方法与技巧的学生及教育工作者。

本书配有视频课、全套提示词模板、案例完整源代码、AI 学习资料库，读者可以通过关注机械工业出版社计算机分社官方微信公众号——IT 有得聊，回复 77938 来获取本书配套资源下载链接。

图书在版编目（CIP）数据

24 小时精通 AI Agent：快速定制你的智能体／邹健等编著. -- 北京：机械工业出版社，2025. 3. -- ISBN 978-7-111-77938-4

Ⅰ. TP18

中国国家版本馆 CIP 数据核字第 202522DN74 号

机械工业出版社（北京市百万庄大街 22 号　邮政编码 100037）
策划编辑：王　斌　　　　　责任编辑：王　斌　解　芳
责任校对：王荣庆　张　薇　　责任印制：邓　博
北京盛通印刷股份有限公司印刷
2025 年 4 月第 1 版第 1 次印刷
184mm×240mm · 16.5 印张 · 346 千字
标准书号：ISBN 978-7-111-77938-4
定价：89. 00 元

电话服务　　　　　　　　　　网络服务
客服电话：010-88361066　　机 工 官 网：www.cmpbook.com
　　　　　010-88379833　　机 工 官 博：weibo.com/cmp1952
　　　　　010-68326294　　金 书 网：www.golden-book.com
封底无防伪标均为盗版　　机工教育服务网：www.cmpedu.com

前 言

P REFACE

在人工智能技术飞速发展的今天，AI 智能体（AI Agent）作为 AI 应用领域最为重要的一种形式，日益得到业界和各行各业的重视，正在快速融入我们的生产和生活中。个人与企业对于快速掌握 AI Agent 的核心概念，充分利用其强大的自动化和智能化能力提高工作效率，增强创新能力并推动业务升级，具有极其迫切的需求。

本书作者根据企业实际应用需求及开发趋势，将自身在 AI 应用开发领域的丰富经验与最新的 AI Agent 开发技术及其实践相结合，编写了这本《24 小时精通 AI Agent：快速定制你的智能体》，旨在为广大从业者提供兼具系统性、实用性和可操作性的学习指导，帮助读者快速上手 AI Agent，打破传统工作模式的局限，充分挖掘 AI 在各类应用场景中的潜力，从而助力个人和企业在 AI 时代抢占先机。

本书内容

本书为读者提供了全面而深入的 AI Agent 使用指南，内容共 6 章：

- 第 1 章　认识 AI Agent：介绍 AI Agent 的概念、基本原理、分类及其重要性，帮助读者认识 AI Agent 这一当前最为重要的 AI 应用形式。
- 第 2 章　各具特色的 AI Agent 平台：介绍包括 DeepSeek、文心一言、ChatGPT、微软 Azure OpenAI、元宝（腾讯）、可灵 AI（快手）、豆包（字节跳动）、ChatU（软积木）、扣子（字节跳动）、紫东太初在内的各类主流 AI Agent 平台，说明其各自特点和适用场景，帮助读者快速上手使用。
- 第 3 章　用好 AI Agent 的关键——提示词（Prompt）：介绍提示词是什么、提示词的编写要点、提示词调优五步法、设计有效的提示词、提示词的场景化应用等内容，帮助读者掌握与 AI 沟通的关键技能。
- 第 4 章　玩转 AI Agent：介绍应用 AI Agent 高效办公、应用 AI Agent 进行商业决策、应用 AI Agent 实现自动操作、应用 AI Agent 操作物理实体、应用通用型 AI Agent Manus 完成任务等内容，全方位展现 AI Agent 的实用性。
- 第 5 章　基于 AI 平台定制 AI Agent：介绍定制 AI Agent 的四个原则、定制 AI Agent 的五个步骤、基于 AI 平台定制你的 AI Agent 等内容，通过具体实例帮助读者无须编程即可开发部署自己的 AI Agent。

- 第 6 章　基于开发工具定制企业级 AI Agent：介绍面向开发者的 AI Agent 开发框架或平台、开发 AI Agent 必备的大模型能力、最常用的两类 RAG 库、开发一个企业级 AI Agent——基于 Azure OpenAI、开发一个本地运行的 AI Agent——基于 Ollama + DeepSeek 等内容，通过典型案例，面向具备一定程序开发能力的读者系统讲解开发企业级 AI Agent 的方法。

本书读者对象

本书适合所有希望在 AI 时代提升工作效率和竞争力的专业人士，包括但不限于：

- 希望通过 AI Agent 提高团队协作效率的管理者和决策者。
- 期望在日常工作中充分利用 AI Agent 提升执行效率的知识型工作者，如市场人员、数据分析师、研究人员、财务专员、人事专员等。
- 想要学习如何定制 AI Agent 的开发人员和技术爱好者。
- 关注 AI 应用方法与技巧的学生及教育工作者。

无论技术背景如何，通过本书清晰的指导和丰富的实践案例，依照书中提供的学习路径，读者都能够快速掌握 AI Agent 基本概念和实践技巧，快速上手 AI Agent。

在阅读本书时，建议结合自身的实际需求，边学习边实践，灵活调整学习进度，以便最大限度地发挥 AI Agent 在工作中的实际价值。

本书由多位在人工智能、技术开发、教育培训及社区运营等领域深耕多年的专业人士共同编写，他们丰富的实践经验和独到的行业视角，确保了扎实的内容质量，以及较强的指导性和实用性。

值得一提的是，本书是智能化的读物，特别配备了名为"才兔"的专属 AI Agent，可辅助读者学习阅读，增强用户体验和学习效果。获取并使用"才兔"AI Agent 的步骤如下。

①扫描封底勒口二维码后，手机号注册用户并登录；②单击左侧边栏"新建对话"，在工作区即可出现相应的六个智能体（与书中第 5 章介绍的六个智能体案例相对应）。③选择相应智能体后，在弹出页面中单击"创建对话"，即可进入智能体对话页面，在输入框输入提示词可应用智能体处理相应任务（输入框内输入"/"符号，可以激活其他更多 AI 功能）。④单击输入框旁边的小人图标可以充值和退出登录。

本书得到了 PEC 联盟、微软 MVP 社区和软积木（北京）科技有限公司的重点推荐。希望本书能够成为读者探索 AI Agent 的实用指南，助力每一位读者在智能化时代取得更大的成功！

编　者

目 录

CONTENTS

前 言

第 1 章　认识 AI Agent　　　　　　　　　　　　　　　　　　　　　　1

1.1　什么是 AI Agent　　　　　　　　　　　　　　　　　　　　　1

1.1.1　AI Agent：AI 时代的 App　　　　　　　　　　　　　1

1.1.2　AI Agent 的演进：从专家系统到 GPT 大模型　　　　6

1.1.3　AI Agent 初体验　　　　　　　　　　　　　　　　10

1.2　AI Agent 的基本原理　　　　　　　　　　　　　　　　　　13

1.2.1　AI Agent 的功能范式　　　　　　　　　　　　　　13

1.2.2　AI Agent 的核心能力：感知、决策、执行　　　　　13

1.2.3　AI Agent 如何"思考"：从提示词到数据反馈　　　15

1.2.4　AI Agent 如何"执行"：AI 如何根据决策实施行动　16

1.3　AI Agent 的分类　　　　　　　　　　　　　　　　　　　　19

1.3.1　按创意性分类　　　　　　　　　　　　　　　　　19

1.3.2　按功能分类　　　　　　　　　　　　　　　　　　20

1.3.3　按角色分类　　　　　　　　　　　　　　　　　　20

1.3.4　按照任务分类　　　　　　　　　　　　　　　　　22

1.3.5　按照应用场景分类　　　　　　　　　　　　　　　22

1.3.6　按照交互方式分类　　　　　　　　　　　　　　　23

1.3.7　按自定义的实现方式分类　　　　　　　　　　　　24

1.4　为什么 AI Agent 特别重要　　　　　　　　　　　　　　　　24

1.4.1　AI 应用的发展方向　　　　　　　　　　　　　　　24

1.4.2 AI 产业的下一个风口   25

1.4.3 发挥 AI 效能的最佳形式   26

1.4.4 AI Agent 将重构所有软件   27

1.4.5 未来 AI Agent 的终极形态   27

第 2 章 各具特色的 AI Agent 平台   28

2.1 DeepSeek：强大的推理型 AI Agent   28

2.1.1 网页访问 DeepSeek   29

2.1.2 App 访问 DeepSeek   29

2.1.3 DeepSeek 的特色功能   30

2.2 文心一言（百度）：多功能的 AI 平台   32

2.2.1 访问和使用文心一言   33

2.2.2 文心一言的"智能体广场"   35

2.2.3 文心一言的 AI Agent 开发平台   36

2.3 ChatGPT：AI Agent 平台先导者   38

2.3.1 访问和使用 ChatGPT   38

2.3.2 ChatGPT 的功能特色   40

2.3.3 GPTs：OpenAI 的 AI Agent 市场   42

2.4 微软 Azure OpenAI：企业级 AI Agent 开发与服务平台   42

2.4.1 访问和使用 Azure OpenAI   43

2.4.2 Azure OpenAI Service 的特色功能   44

2.5 元宝（腾讯）：小程序中可快速使用的 AI 平台   45

2.5.1 访问和使用元宝   45

2.5.2 元宝的特色功能   47

2.5.3 元宝应用广场   49

2.6 可灵 AI（快手）：AI 媒体创意平台   50

2.6.1 访问和使用可灵 AI   51

2.6.2 可灵 AI 的特色功能   52

2.7 豆包（字节跳动）：个人超级助手   54

2.7.1 访问和使用豆包   54

2.7.2　豆包的特色功能　　54

2.7.3　使用豆包快速创建 AI Agent　　55

2.8　ChatU（软积木）：基于混合模型的企业级 AI Agent 平台　　56

2.8.1　访问和使用 ChatU　　56

2.8.2　ChatU 的特色功能　　58

2.9　扣子（字节跳动）：支持快速部署的 AI Agent 应用开发平台　　62

2.9.1　访问和使用扣子　　62

2.9.2　扣子的特色功能　　64

2.10　紫东太初：专为企业打造的 AI 应用开发平台　　65

2.10.1　访问和使用紫东太初　　65

2.10.2　紫东太初的特色功能　　65

第 3 章　用好 AI Agent 的关键——提示词（Prompt）　　68

3.1　提示词是什么　　68

3.1.1　提示词的作用：与 AI Agent 交流的根本手段　　68

3.1.2　提示词的基本构成：工作指令、上下文和输出限定　　69

3.1.3　提示词的重要性：天差地别的 AI 反馈　　71

3.2　提示词的编写要点　　74

3.2.1　工作指令的编写要点　　74

3.2.2　复杂任务指令的构建策略　　75

3.2.3　控制提示词的知识范围　　84

3.2.4　限定提示词的输出格式　　87

3.3　提示词的调优五步法　　97

3.3.1　总体要求　　98

3.3.2　任务详情　　98

3.3.3　输出格式　　98

3.3.4　示例　　99

3.3.5　注意事项　　99

3.3.6　按照调优五步法生成新的提示词　　99

3.4　设计有效提示词　　101

3.4.1 使用角色扮演 101

3.4.2 使用提示词框架 102

3.4.3 使用工具优化提示词 108

3.4.4 使用魔法语句 109

3.5 提示词的场景化应用 113

3.5.1 创作型场景：文案生成与脚本写作 114

3.5.2 分析型场景：数据总结与报告生成 115

3.5.3 高效沟通型场景：邮件编写与翻译助手 117

3.5.4 音乐生成场景：歌词处理 118

3.5.5 图片生成场景：生成图像的提示词 120

3.5.6 强化自我学习场景：任意知识的自学助理 121

第 4 章 玩转 AI Agent 124

4.1 应用 AI Agent 高效办公 124

4.1.1 自动生成 PPT 大纲、数据报告与工作总结 124

4.1.2 快速整理会议纪要、翻译文档 132

4.1.3 内容创作与优化 135

4.1.4 3D 模型生成 137

4.2 应用 AI Agent 进行商业决策 140

4.2.1 推理型 AI Agent：零成本的顶级咨询顾问 140

4.2.2 Multi-Agent：多角色头脑风暴智能体 141

4.3 应用 AI Agent 实现自动操作 142

4.3.1 利用 AI Agent 自动监视高拍仪，识别内容自动入库 143

4.3.2 利用 AI Agent 进行任意 Windows 操作 144

4.4 应用 AI Agent 操作物理实体 146

4.4.1 Tesla 的类人型机器人：Optimus 146

4.4.2 小米的类人型机器人：CyberOne 147

4.4.3 Tesla 的自动驾驶系统 147

4.5 应用通用型 AI Agent Manus 完成任务 148

4.5.1 Manus 的特性 149

4.5.2　应用 Manus 执行任务　　150

4.5.3　Manus 的发展前景　　153

第 5 章　基于 AI 平台定制 AI Agent　　155

5.1　定制 AI Agent 的四个原则　　155

5.1.1　原则一：生产力至上　　155

5.1.2　原则二：成本考量　　156

5.1.3　原则三：注重便利性　　156

5.1.4　原则四：注重用户体验　　157

5.2　定制 AI Agent 的五个步骤　　157

5.2.1　明确需求　　158

5.2.2　根据需求选择不同能力的大模型　　158

5.2.3　根据需求选择不同平台的插件能力　　159

5.2.4　编写提示词　　160

5.2.5　参数调试　　160

5.3　基于 AI 平台定制你的 AI Agent　　160

5.3.1　使用"扣子"平台定制高等数学助手　　161

5.3.2　使用"ChatU"平台定制精美海报助手　　168

5.3.3　使用"豆包"平台定制小红书文案助手　　174

5.3.4　使用"文心一言"平台定制公文写作助手　　177

5.3.5　使用"ChatU"平台定制 Excel 可视化助手　　180

5.3.6　使用"ChatU"平台定制俄罗斯方块游戏　　183

第 6 章　基于开发工具定制企业级 AI Agent　　186

6.1　基于开发者的开发框架和平台推荐　　186

6.1.1　Azure AI：通用型 AI 开发的佼佼者　　186

6.1.2　Ollama：本地运行任意开源模型的框架　　198

6.1.3　Hugging Face：模型开源与快速部署　　208

6.1.4　LangChain：面向开发者的任务流框架　　210

6.1.5 Semantic Kernel：大模型高效开发工具包 211

6.2 必备的大模型能力 211

6.2.1 能力一：Azure 文档智能 211

6.2.2 能力二：Azure 的沙箱代码解释器 216

6.3 当前流行的 RAG 库 219

6.3.1 知识图谱：GraphRAG 219

6.3.2 知识库：LightRAG 221

6.4 开发一个企业级 AI Agent：基于 Azure OpenAI 222

6.4.1 基本需求 222

6.4.2 服务器端：接入大模型 223

6.4.3 客户端：完成简单的对话逻辑 224

6.4.4 集成多模态能力：构建可以通过图片进行数据分析的 AI Agent 226

6.4.5 集成代码解释器：增强 AI Agent 的功能 229

6.4.6 开发一个可视化数据分析 AI Agent 234

6.4.7 开发食品标签批量智能检测 AI Agent 238

6.5 开发本地运行的 AI Agent：基于 Ollama+DeepSeek 241

6.5.1 集成推理能力：通过 Ollama 调用 DeepSeek-R1 241

6.5.2 通过 Ollama 开发公司内部知识库智能体 242

6.5.3 为智能体增加记忆能力 248

6.5.4 通过 Ollama 与 UFO 结合实现全自动 RPA 252

第 1 章

认识 AI Agent

本章介绍了什么是 AI Agent，AI Agent 的基本原理，AI Agent 的分类，为什么 AI Agent 特别重要。通过本章内容，读者可以全面了解 AI Agent 的概念，初步体验如何使用 AI Agent，了解 AI Agent 的核心工作机制，形成对 AI Agent 较为系统全面的认知。

学习时长：2 小时。

1.1 什么是 AI Agent

AI Agent（智能体）作为人工智能领域的一个新概念日益受到关注，什么是 AI Agent？AI Agent 是怎么发展产生的？AI Agent 能做什么？本节将详细探讨 AI Agent 作为 AI 时代应用的核心概念，阐述其在技术、功能和应用层面的综合特征，帮助读者理解其在现代智能系统中的作用与价值。

1.1.1 AI Agent：AI 时代的 App

1. AI Agent 的概念

AI Agent，中文通常称为"智能体"，能够自主进行信息处理和任务执行，它们具备一定的感知、推理和决策能力，能够在特定环境下根据输入信息采取适当行动，是实现智能化应用的基础单元。其主要特点包括自动化、高效性和适应性，能够在各种复杂环境中执行特定任务。

通俗地说，一个 AI Agent 就是一个智能助手应用，能够帮助我们完成各种任务。在 AI 时代，这种应用可以由了解业务的用户定制或者开发，并发布给其他人使用，就像 App 一样，方便、易用、易于开发。图 1-1 和图 1-2 所示为桌面端的智能体市场和苹果的 App Store

应用市场，可以看到，人们获取智能体的方式就如同获取 App 的方式一样，每个智能体就是一个 App，可以实现具体的功能。当然，AI Agent 的形态和应用方式多种多样，后文会详细介绍。

图 1-1　智能体市场

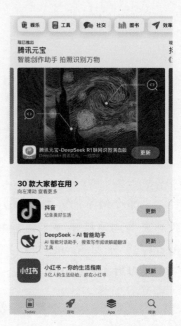

图 1-2　苹果 App Store 应用市场

AI Agent 广泛应用于现代技术生态中。随着深度学习和大数据的发展，AI Agent 的智能水平显著提升，拓展了其在各行业中的应用潜力。从早期的专家系统到如今的大模型应用，AI Agent 经历了从学术研究到实际应用的演变，推动了数字化转型。其应用涵盖聊天客服、内容生成、自规划等领域，展现出清晰的功能范式和全天候运行的优势，尽管早期曾面临上下文不足和成本高等限制，但随着技术进步，这些挑战正在被克服，使得 AI Agent 在提升效率和推动创新方面展现出重要价值和广泛前景。

AI Agent 的产生可以追溯到人工智能研究的早期阶段（20 世纪 50 年代），尤其是与自主的 AI Agent 相关的研究。

随着深度学习和大数据技术的发展，AI Agent 的智能水平不断提升，使其在不同行业和应用场景中具备更广泛的应用潜力。它们不仅限于简单的规则执行，更能进行复杂的数据分析和智能推理。

由于 AI Agent 的特征在于其智能性，所以 AI 技术在 AI Agent 的发展上起着至关重要的作用，在以 GPT 为主的各类大模型出现之后，AI Agent 的能力也大幅度提升，可以更智能、更精准地做到原本很多做不到的事情。

本书中的"AI Agent"所指为在大模型出现之后基于大模型的 AI 应用。

2. AI Agent 能用来做什么

AI Agent 正在多个领域中展现出其强大的应用潜力和创新能力，AI Agent 不仅能够提高生产效率，还能为各行各业带来全新的业务模式和发展机会。通过在不同场景中的具体应用，AI Agent 正在改变企业和个人的工作方式。

- AI Agent 在聊天与客服领域展现出卓越的能力。基于大语言模型，AI Agent 能够理解和解析用户的意图，为其提供准确的回答和问题解决方案。这种实时交互不仅提升了客户体验，还大大提高了服务效率。AI Agent 可以全天候运行，为企业提供不间断的支持服务，降低人力成本，并显著提升客户满意度。

- 在媒体与内容生成方面，AI Agent 展现出强大的创作能力。它可以根据用户需求自动撰写新闻稿、生成文章摘要和创作个性化内容。这种能力不仅提高了内容生产的效率，还保证了内容质量的一致性。媒体行业可以利用 AI Agent 来应对大量信息的快速处理需求，从而提高效率，保持竞争优势。

- 在文本生成图像（文生图）技术中，通过将文字描述转化为图像，AI Agent 为广告设计、内容创作和视觉效果生成提供了创新解决方案。设计师和创作者可以利用 AI Agent 快速生成高质量的视觉内容，满足各种创意需求，并缩短设计周期。

- 文本生成视频（文生视频）是 AI Agent 的另一重要应用领域。AI Agent 能够根据文本脚本自动生成视频内容，广泛应用于教育、广告和娱乐行业。通过简化视频制作流程，AI Agent 降低了制作成本，并为创作者提供了更多的创意空间，使得视频内容生产更加灵活高效。

- 自规划 AI Agent 具备自动规划和任务管理的能力，可以根据设定的目标自主规划任务步骤并高效执行。这一特性在项目管理和流程优化中具有重要应用价值。AI Agent 还能够动态调整计划，以应对不断变化的环境和需求，确保项目按时按质完成。

- 工作流自动化是 AI Agent 在企业中的重要应用之一。AI Agent 能够集成到企业的工作流中，实现自动化任务处理和流程优化。通过自动执行重复性工作，AI Agent 不仅释放了人力资源，还提高了企业的运营效率，帮助企业在竞争激烈的市场中保持领先。

- 在多智能体系统（Multi Agent 类）中，AI Agent 通过协作完成复杂任务，展现出强大的协同工作能力。多个 AI Agent 可以在供应链管理、智能交通和分布式计算等领域协同工作，实现更高效的资源配置和任务执行。这种协作能力为系统的整体性能带来了显著提升，为行业发展提供了新的动力和可能性。

3. AI：AI Agent 的技术基础

要理解什么是 AI Agent，首先需要了解 AI 的基本概念。以下是一些必须要了解和掌握的与 AI 相关的专业术语及其关系。

- 人工智能（Artificial Intelligence）：即 AI，是计算机或机器模拟人类智能的技术，包括学习、推理、问题解决等。实现人工智能的关键技术与概念及其对应关系如图 1-3 所示。

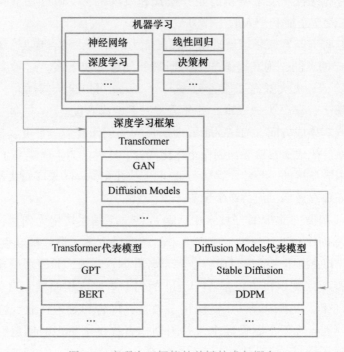

图 1-3　实现人工智能的关键技术与概念

- 机器学习（Machine Learning）：一种使计算机系统通过数据进行学习和改进性能的方法。机器学习是人工智能的一种实现方式。
- 神经网络（Neural Network）：一种模仿人脑神经元工作原理的计算结构，由多个层次和节点组成。神经网络是机器学习的一种方法。
- 深度学习（Deep Learning）：利用复杂的神经网络模型来处理大量数据，使得诸如图像识别和自然语言处理等任务的性能显著提升。深度学习是神经网络的一种高级应用方式。
- 人工智能领域中的深度学习框架。
  - Transformer 模型：一种深度学习的模型架构，特别适用于处理序列数据，如文本、音频和时间序列。
  - Diffusion Models 模型：另外一种深度学习的模型架构。通过扩散过程在潜在空间中生成数据，通常围绕去噪声和恢复原始数据来构建。它们的核心是通过逐步添加和去除噪声来生成高质量图像。

- 人工智能模型：一种能够模拟人类思维和行为的计算模型，通过分析数据、识别模式，做出决策或预测。其中形成人工智能模型的过程叫训练，提供给人工智能模型新的内容，让其给出结果的过程叫推理。人工智能模型可以是通过机器学习，或其他任何人工智能实现方式训练出来的，一般一种人工智能模型都属于一种特定的人工智能模型架构。

- 大语言模型（Large Language Model，LLM）：通常指的是具有大量参数和复杂架构的人工智能模型，尤其是在自然语言处理、计算机视觉等领域中表现出色的深度学习模型。
  - GPT（Generative Pre-trained Transformer）：一种先进的自然语言处理模型，由 OpenAI 开发。
  - Stable Diffusion：一种先进的生成模型，主要用于图像合成和图像处理。它利用了扩散模型（Diffusion Models）的原理，可以生成高质量、具有艺术感的图像。
  - ChatGPT：基于 OpenAI 的 GPT 模型系列的一种自然语言处理应用。
  - Token：大模型计算字数的方式，简单来说每种模型有一个计算字数的规则。

4. AI Agent：AI 时代的 App

2007 年，苹果公司发布了第一代 iPhone，这不仅是一部创新的手机，更是开启了移动互联网的新时代。随后，2008 年推出的 App Store 彻底改变了人们获取和使用软件的方式。通过 App Store，用户可以方便地下载数以百万计的应用，这些应用几乎可以满足任何需求，从社交通信到娱乐游戏，再到生产力工具。

这种全新的应用分发模式让互联网应用变得前所未有地便捷。用户无须复杂的安装过程，只需单击几下手机屏幕，就能将新的功能和服务添加到自己的设备中。同时，App Store 为开发者提供了一个面向全球用户的平台，激发了广大开发人员的创造力和热情。许多新兴公司在这个生态系统中崭露头角，如微信、抖音等应用的诞生，不仅改变了人们的社交和娱乐方式，也推动了整个行业的创新和发展。

iPhone 的成功在于它激活了开发人员，建立了一个繁荣的新生态系统。开发人员因为 App Store 的繁荣有了巨大的商业机会，通过开发各种各样的 App，得以快速实现创意并产生价值。这种全新的生态系统为开发者提供了一个全球性的舞台，他们可以专注于开发满足各种需求的应用，从而直接服务于全球用户。App Store 的出现降低了应用分发的门槛，使得个人开发者和小型团队也有机会进入市场。

如今的 AI Agent 就如同 App 带来的变革一样，App 让普通人使用软件的方式发生了根本变化，而 AI Agent 则让普通人使用 AI 应用变得前所未有的便捷，真正走到人们的身边。ChatGPT 通常被视为首个当代人工智能的杀手级应用，于 2022 年 11 月 30 日正式发布，这一时间被称为人工智能领域的"iPhone 时刻"。

ChatGPT 这一里程碑式的 AI 大模型产品让 AI 大模型、特别是 GPT 系列模型快速进入了大众视野，相关的应用也不断出现，形成从专业研究到大众化使用的快速转变。随着 ChatGPT 推出 GPTs 应用市场，用户可以快速开发自己的 AI Agent，并公开发布让其他用户使用，这就类似移动互联网时代的 App 与 App 应用市场。而单个 AI Agent 可以解决的问题也在逐渐扩展。

AI Agent 的平台也为开发者和普通用户打开了新的大门。通过各类 AI Agent 平台，不仅专业的 AI 开发者，普通人也可以参与 AI Agent 的创建和定制。这种开放性将催生出更多的创新，就像当年的移动互联网浪潮一样，带来新一轮的商业机会。

大模型与当前的 AI Agent 平台相比有着明显的区别。早期的大模型主要由专业人士掌握，应用范围有限。而现在的 AI Agent 平台集成了自然语言处理、图像识别、语音识别等多模态技术，更加开放和易用，不仅技术更加先进，而且注重用户体验，更加智能化和人性化。

就像 iPhone 和 App Store 改变了我们的生活方式一样，AI Agent 也将对各行各业产生深远的影响。它不仅改变了传统的工作方式，还为我们开启了一个充满无限可能性的全新世界。

1.1.2　AI Agent 的演进：从专家系统到 GPT 大模型

自 AI 的概念提出以来，人们一直在探索如何利用 AI 提高生产力。AI Agent 的演进历程反映了这一技术从学术研究到实际应用的转变。最初，AI Agent 的开发主要由 AI 领域的学术专家主导，他们在理论和算法层面奠定了基础。随着技术的发展，程序开发人员开始参与其中，将这些理论转化为实际可用的程序和应用。如今，AI Agent 的使用已不仅限于技术专家，普通业务人员也可以通过用户友好的界面和工具参与其中。这一转变不仅扩大了 AI Agent 的应用范围，也使得 AI 技术更加贴近实际业务需求，推动了各行业的数字化转型和效率提升。

下面来回顾一下 AI Agent 的发展进程。

1. 概念产生

1950 年，图灵在论文《计算机器和智能》中提出"机器会思考吗？"的问题，并引入图灵测试作为判断机器智能的标准。该测试要求计算机程序与裁判进行即时对话，裁判仅通过对话内容判断对象是程序还是真人。这让人们首次对人工智能代理（AI Agent）有了概念上的认识。

1956 年，由约翰·麦卡锡（John McCarthy）等人发起达特茅斯会议。这个会议通常被认为是人工智能的起点，它旨在召集志同道合的人共同讨论"人工智能"（AI Agent 的定义正是在那时提出的）。会议持续了一个月，基本上以大范围的集思广益为主。这催生了后来人所共知的人工智能革命。

2. 初代 AI Agent

20 世纪 60 年代，麻省理工学院研发的聊天机器人 Eliza，作用是模拟一位心理治疗师与使用者以问答形式进行聊天，这也是聊天式人工智能的先河，是首个试验性的 AI Agent。

20 世纪 70 年代，第一代商用人工智能专家系统 MYCIN 问世，它是一种帮助医生对住院的血液感染患者进行诊断和用抗生素类药物进行治疗的专家系统，是首次 AI Agent 的商业化应用尝试。

3. 不断进步

2000 年以后，随着互联网的普及，大量科技公司开始投入 AI 研发，使用 AI Agent 进行信息检索和自动化任务，如网络爬虫、邮件过滤器、图形识别。而机器学习和数据挖掘技术的发展使代理变得更"聪明"，能够处理更复杂的任务。

2010 年后，AI Agent 如雨后春笋般爆发，主要应用于自动驾驶、金融服务、医疗健康等领域。而深度学习和生成对抗网络（GANs）等技术推动了 AI Agent 在复杂环境中学习和适应的能力。

4. 落地应用

20 世纪，AI 软件的开发和使用主要由 AI 专业人士进行操作，这需要深厚的技术背景和丰富的经验。开发者通常是具备高学历和专业训练的专家，他们负责设计复杂的算法和编写底层代码。这种模式限制了普通用户的参与，使得 AI 软件开发过程较为封闭且精英化。

进入 21 世纪后，随着编程工具和开发语言的普及，以及开发环境变得更加友好和易于使用，这使得更多非专业人士能够学习并应用编程技能。例如，程序员开始利用现成的库和框架，快速构建 AI Agent，降低了开发的复杂性并降低了时间成本。

随着大模型的出现，AI 软件的操作门槛进一步降低。AI Agent 可以通过自然语言提示进行操作，普通用户能够直接与 AI 交互。这一转变使得普通人，尤其是对业务流程和需求有深入理解的业务专家，也能参与 AI Agent 的开发。尤其随着 ChatGPT 的兴起，进一步降低了 AI 使用的门槛，使得普通人也可以快速利用 AI 来实现自己想要的功能。

这种背景下，普通用户能够创造出更贴合实际需求的 AI Agent，从而提高其实用性和价值。了解具体业务场景和用户需求的一线工作人员，往往能够提出创新和更实用的解决方案。因此，AI Agent 的发展推动了 AI 软件开发的全民化，业务专家正成为创新的重要力量，推动 AI 技术在各行业中的广泛应用。

5. 持续发展

由于初期大模型尚不成熟，AI Agent 的应用范围较窄，主要以聊天的形式实现内容生成、内容补全、翻译、文章改写等基础功能。这些限制 AI Agent 发展的问题主要体现在以下几个方面：

- 上下文长度不足。
- 成本高。
- 与其他工具或程序协作方式单一。
- 输入形式单一。

随着大模型的不断发展，这些问题也都有了相应的解决方案。

（1）上下文长度不足的问题

上下文是大模型中的关键概念。简单来说，上下文指的是在特定情况下信息或语言片段的背景和相关细节。在与大模型交互时，上下文包括用户提供的指令或资料的长度。

例如，当要求大模型解读文章时，上下文可视为模型能够处理的字数上限。上下文的长度直接影响模型理解和生成内容的能力。

最初 GPT 系列的 GPT-3.5 模型仅支持 4K 上下文（这里的 4K 指的是 4000 个 Token，可以简单认为是 4000 字，后续相同），而 GPT-4 也仅支持 8K 和至多 32K 的上下文。这对于一些用户的需求显然是不足的。

2023 年 5 月，Anthropic 发布了一个消息，其开发的 Claude 大模型，推出支持 100K 的上下文，这一提升显著扩展了模型在处理复杂和长篇文档时的能力，提高了生成内容的准确性和相关性。

随着上下文长度的增加，大模型能够更好地理解细微的语境变化和更复杂的指令，提供更为详尽的分析和回应。

目前，一些主流的模型已经支持 100K 及以上的上下文，这使得大模型可以获取更多内容并进行一次性的推理。

（2）成本的问题

成本问题是 AI Agent 开发及应用的主要阻碍之一，最初 GPT-4 每生成 1K Token 内容的成本为 0.06 美元，而 GPT-4 32K 每生成 1K Token 内容的成本为 0.12 美元，这大大阻碍了大模型在各个领域的广泛应用。

然而随着蒸馏技术、优化算法和硬件技术的不断进步，内容的生成成本逐渐得到缓解。

蒸馏技术通过将大型模型的知识传递给较小的模型，从而减少计算需求和能耗，使模型在保持一定精度的同时，能够在低成本硬件上运行。这种技术不仅提高了模型的效率，还降低了用户的使用成本。

优化算法的进步也为降低生成成本提供了有效手段。各大厂商也纷纷进行投入，进行基础类库的算法优化，通过改进模型架构和训练过程，能够减少计算资源的消耗，提高处理速度。这些改进使企业和开发者能够以更低的成本部署和运行大模型，从而提高其在各种应用场景中的可行性。

硬件技术的进步，特别是专用于 AI 计算的芯片和更强大的云计算平台的发展，也为降低运行成本提供了支持。高效的硬件加速可以显著减少大模型的计算时间和能耗，使其在商业应用中更具经济性。

通过这些优化，大模型的成本不断下降，也使其应用变得更加容易。

（3）与其他工具或程序协作方式单一的问题

2023 年 6 月，OpenAI 进行了一次重要更新，即"Function Calling"功能，这个功能主要是为了增强大模型与外部系统的交互能力，使其能够直接调用预定义的函数，从而执行特定任务，之后此功能又进行了重新定义和扩展，将"Function"的定义扩展为"Tools"，中文一般称为"工具调用"。

通过这一功能，用户可以将复杂的操作交由大模型自动完成，如数据检索、信息处理或执行特定命令。

在 AI Agent 领域中，插件、工具、记忆、函数调用、代码执行等功能都是基于这一功能实现的。这一功能的发布，相当于为大模型这个"大脑"配上了可以操控现实世界事物的"手"。

（4）输入形式单一的问题

由于大模型的限制，AI Agent 最初只能与用户通过文字进行交互，但随着一些多模态（即大模型有接受除文字外其他输入的功能，如图片输入）大模型的发布，这种情况发生了变化。

2023 年 9 月，OpenAI 又发布了新的模型 GPT-4 的多模态版本 GPT-4 Turbo，该版本在处理能力和响应速度上较之前的模型有显著提升。GPT-4 Turbo 具备图像和文本处理的多模态功能，能够更精准地理解和生成复杂内容。这一版本的发布进一步扩展了 AI Agent 在多个领域的应用潜力。通过优化算法，GPT-4 Turbo 在运行效率上也实现了更高的资源利用率，为用户提供了更好的交互体验。可以说，这一版本的发布为大模型加配了一双眼睛，使之能观察现实事物。

仅仅是能让大模型理解图片只是丰富交互的第一步，很多场景下用户需要与大模型进行实时的语音交互。

2024 年 5 月，OpenAI 又发布了内测的实时语音功能（Advanced Voice Mode），这一功能提供了实时对话的功能，使得 AI Agent 在多模态交互中实现了更高的灵活性和实用性。Advanced Voice Mode 允许用户通过语音与模型进行实时交流，为用户提供了更加自然和直观的交互方式。随着这一功能的发布，大模型的语音和语音生成两项基础能力逐步完善，相当于为大模型增加了耳朵和嘴。

相信不远的将来，大模型很快就可以解读视频，甚至更复杂的内容。

随着这些问题的解决，大模型与现实世界的交互边界也会不断拓展，以大模型为核心的 AI Agent 也不再会仅局限于聊天或文字生成领域。它们能够处理更复杂的任务并提供更精准的解决方案。

这一背景下，不同行业的企业和个人开始积极探索如何借助 AI Agent 来重塑工作流程和业务模式。在医疗领域，AI Agent 能够通过分析海量医疗数据，为医生提供精准诊断建议和个性化治疗方案，从而提升医疗服务的质量和效率。在金融行业，AI Agent 则通过实时监控市场动态、执行交易策略，为投资者提供更稳健的投资建议，帮助金融机构优化风险管理。AI Agent 在教育、制造、零售等领域的应用也在不断拓展。通过个性化学习计划，AI Agent 可以根据学生的学习进度和兴趣点，提供量身定制的课程内容和学习辅导，大大提升学习效果。在制造行业，AI Agent 则利用先进的预测分析和自动化控制能力，优化生产流程、提高产品质量，并减少运营成本。而在零售行业，商家利用 AI Agent 实现精准的客户需求预测和智能库存管理，显著增强了市场竞争力。

由于自媒体的快速发展，越来越多的从业者开始加入 AI 赛道。他们利用自己构建的 AI Agent 来开发和管理个人自媒体 IP，实现高效内容创作和传播。这些 AI Agent 可以帮助个体创作者分析受众需求、优化内容策略、实现个性化的观众互动，从而提升品牌影响力和市场竞争力。这一趋势催生了一个又一个的超级个体，他们依靠 AI Agent 的辅助，在内容创作、发布和推广等方面展现出更高的生产力和创造力。这不仅丰富了媒体形式和内容多样性，还重塑了个人品牌构建和传播的方式，推动了整个自媒体行业的创新和发展。

1.1.3 AI Agent 初体验

前面介绍了 AI Agent 的概念、演进历程，说明了 AI Agent 如何有用、功能如何强大，接下来就通过一些简单的示例让读者直观地认识 AI Agent。

1. 通过对话方式使用 AI Agent

对话式的 AI Agent 是最常见的 AI Agent。用户可以通过输入提示词（后文会专门介绍这部分内容，很重要），以文字对话的方式与 AI Agent 进行聊天，让它完成任务需求，这也是广大个人用户使用 AI Agent 最常用的方式。

以文心一言为例，用户可以通过与 AI Agent 的对话要求它进行英语翻译，如图 1-4 所示。可以看到，只要通过简单的中文沟通，就可以控制文心一言返回所需的内容。

AI Agent 不仅可以进行纯文字的输出和输出，还可以通过对话方式使用 AI Agent 进行图像生成、图像处理等。如

图 1-4　文心一言中的
对话式 AI Agent

图 1-5 所示是一个可灵 AI 的图片生成 AI Agent，用户通过输入提示词，AI Agent 即可生成满足用户需求的图片。

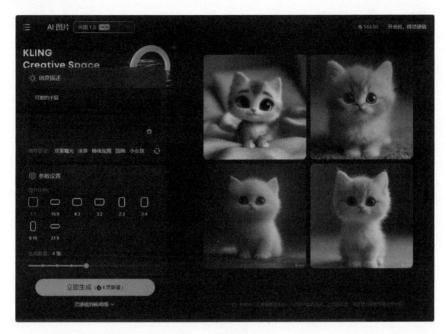

图 1-5　可灵 AI 图片生成 AI Agent

2. Copilot 形式的 AI Agent

Copilot（其中文含义是副驾驶）是由 AI Agent 驱动的代码辅助工具，通过分析上下文和目标任务，实时提供代码建议或解决方案。此类的 AI Agent 通常可以提供操作建议或指导意见、帮助或协助使用者在进行主要任务操作时提供基于场景的建议。Copilot 通常都会依赖于某些软件。

微软在很多产品中提供了 Copilot 形式的 AI Agent。例如在 Edge 浏览器中的 Copilot，如图 1-6 所示，或 Office 365 提供的 Office 365 Copilot、VS Code 中集成的 GitHub Copilot。

以 Edge Copilot 为例，用户可以通过 Edge 右上角的 Copilot 图标进入，用户可以通过它直接查询自己想知道的知识，或者如何操作浏览器，Edge Copilot 会根据大模型和 Bing 搜索引擎的结果给出查询结果，或者提问当前浏览器中的内容。

3. 自定义的 AI Agent

用户也可以基于 AI Agent 平台自定义 AI Agent，来完成一些用于实现自己业务流程的功能。如图 1-7 所示，是一个用户自定义的、批量生成单词卡片的 AI Agent，通过提示词与 AI Agent 的配合，再加上图形化的输出和文件存储，从而批量生成单词卡片。

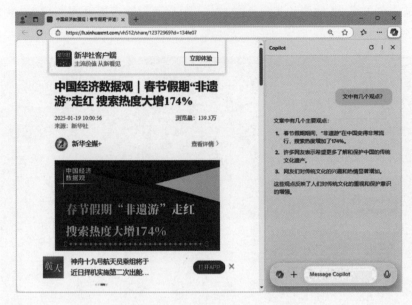

图 1-6　Edge 浏览器中的 Copilot

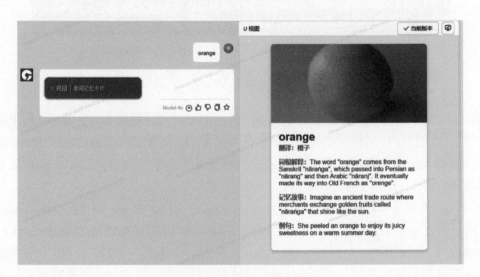

图 1-7　通过 AI Agent 平台自定义的 AI Agent

除使用界面调用外，这些自定义的 AI Agent 还可以被多种形式调用，如直接做成批量处理程序基于这个 AI Agent 进行自动化处理，快速按字典或教材生成 1000 个单词的单词记忆卡片，并保存为图片，或者直接与企业微信对接，实现在微信中发送单词就可以返回单词卡片的功能等。

自定义 AI Agent 的局限基本上是限制于作者的想象力、行业需求的梳理能力以及对于 AI Agent 平台功能的了解程度。如果这些方面都具备，是很容易开发出某些行业的爆款 AI Agent 的。

如果用户具备编程能力，也可以通过开发框架来创建一个更具灵活性的 AI Agent。本书第 5 章和第 6 章会有专门的章节详细介绍两种定制生成 AI Agent 的方法及实践案例。

1.2　AI Agent 的基本原理

AI Agent 的运作过程包含多个环节，从初始的信息感知，到中间的决策制定，再到最终的执行行动，形成了一个完整的智能处理流程。每个环节都发挥着关键作用，彼此协同工作，以实现目标任务。接下来，将对 AI Agent 的功能范式和 AI Agent 的三大核心能力——感知、决策与执行进行详细的阐述和分析。

1.2.1　AI Agent 的功能范式

AI Agent 通过提示词、大模型能力、外部能力和多样化输出方式，具备处理复杂任务的能力，并通过与外部系统的结合实现自动化操作。AI Agent 的功能范式如下。

$$AI\ Agent\ 的能力 = 提示词 + 大模型能力 + 调用外部能力 + 输出方式$$

AI Agent 的功能范式定义清晰而明确。要理解 AI Agent 的潜力，首先需认识大模型的基本能力，其次是其能够调用外部的能力，最后是其输出方式。大模型具备处理多种复杂任务的能力，包括自然语言处理、模式识别和数据分析。自然语言处理涵盖内容生成、翻译、续写、改写和扩写；模式识别包括图像识别、语音识别和文本分类；数据分析涉及统计分析、趋势预测和异常检测。

在应用方向上，AI Agent 通过调用平台或框架提供的外部能力，扩展其功能。这些外部能力通常包括记忆能力、知识库和代码调用等。通过将大模型的基础能力与外部能力结合，AI Agent 能够实现复杂任务的自动化处理。例如，AI Agent 可以利用记忆能力和知识库，实现智能客服系统，提供实时问题解答和客户支持。

AI Agent 的输出方式多样化，通常以聊天、Markdown 格式文本、定制化界面或程序接口的形式展现。选择合适的输出方式有助于提升用户体验和交互效率。在大模型能力和外部能力相同的情况下，提示词的设计显得尤为重要，通过精准的、合理的提示词，AI Agent 能够更有效地解读指令和生成符合用户期望的高质量结果。

1.2.2　AI Agent 的核心能力：感知、决策、执行

AI Agent 具备感知、决策和执行三大核心能力。这些能力使 AI Agent 能够理解环境信

息、做出智能判断并采取适当的行动。

感知能力使 AI Agent 能够获取并理解外部世界的信息。包括以下几方面。

- 内容感知：处理文本数据，理解其语义、情感和意图。
- 多模态感知：融合多种感官数据，如视觉、听觉和触觉信息，形成对环境的综合理解。
- 外部 IoT 感知：通过物联网（IoT）设备，获取来自传感器和其他智能设备的实时数据，如温度、湿度、位置等。

决策能力使 AI Agent 能够根据感知到的信息和既有的知识，选择最优的行动方案。决策能力主要依赖于大型预训练模型，利用深度学习和自然语言处理技术，实现复杂的推理和预测，做出智能决策。

执行能力使 AI Agent 能够将决策转化为具体的行动，可以通过"工具调用"功能实现，而"工具调用"的目标可以包括以下种类：

- 调用特定函数接口：通过调用特定的函数接口，执行预定义的操作和任务。通常是指用户自己定义的函数或接口。
- 集成第三方插件或 API：通常是指第三方预制的功能，它们集成了第三方插件或 API，扩展 AI Agent 的功能范围，如访问数据库、调用在线服务或控制物理设备。

AI Agent 的内部处理流程如图 1-8 所示。

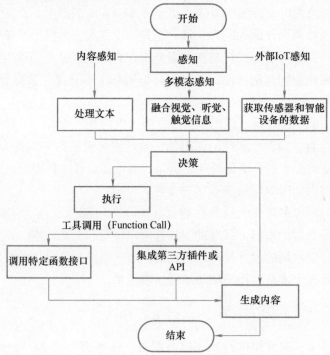

图 1-8   AI Agent 的内部处理流程

首先是"感知"阶段。在此阶段，系统可以通过内容感知、处理用户输入的文本、通过外部 IoT 感知从物联网设备获取数据；通过多模态感知，融合视觉、听觉、触觉信息，整合多种感官的信息。

在此基础上，系统进入"决策"阶段，对感知信息进行分析和决策。决策完成后，进入"执行"步骤，开展具体行动。在执行过程中，可能需要"工具调用"，即调用特定函数或接口来实现某些功能。这一步进一步分为"调用特定函数接口"和"集成第三方插件或 API"两个步骤，前者涉及直接调用内部函数，后者则集成外部插件或 API 扩展功能。

最后，系统进入"生成内容"阶段，根据先前的执行结果生成相应内容。整个流程在"结束"节点完成，标志着 AI Agent 处理任务结束。

1.2.3 AI Agent 如何"思考"：从提示词到数据反馈

AI Agent 的"思考"过程类似于人类的认知过程，包括接收提示词、理解提示词、处理信息和提供反馈等步骤，AI Agent 的"思考"过程如图 1-9 所示。

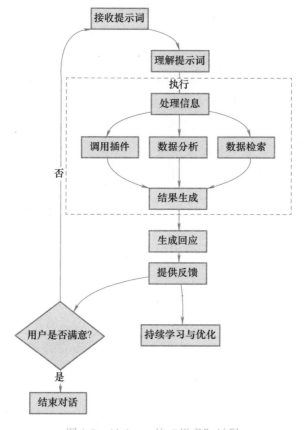

图 1-9 AI Agent 的"思考"过程

AI Agent 从接收提示词到反馈结果，经历了理解、处理和生成的过程。通过这种方式，AI Agent 能够有效地理解用户需求，提供有用的信息或解决方案，实现人机交互的目标。

以下简要阐述 AI Agent 从接收提示词到提供反馈等的全过程。

1. 接收提示词

首先，AI Agent 接收用户输入的提示词。提示词可以是一个问题、指令或请求，目的是告知 AI Agent 需要完成的任务。例如，用户可能输入："请告诉我今天的天气情况。"这句话就是 AI Agent 需要处理的提示词。

2. 理解提示词

接收到提示词后，AI Agent 需要对其进行理解。这涉及解析句子的语义结构，识别关键词和意图。AI Agent 会确定用户是在询问当天的天气信息，并尝试获取与之相关的细节，如地点和时间。

3. 处理信息

在理解了用户的需求后，AI Agent 开始处理信息。这一步可能包括：

- 数据检索：从数据库或互联网获取相关的天气数据。
- 数据分析：如果需要，AI Agent 会对数据进行分析，如预测未来的天气趋势。
- 调用插件：使用"工具调用"能力，如访问天气预报的网站或接口获取信息。
- 结果生成：整理检索到的信息，为生成回答做好准备。

4. 生成回应

处理完信息后，AI Agent 需要将结果生成以自然语言呈现的回应。它会将数据转化为通顺的句子，或用户指定的格式，确保信息准确且表达清晰。例如："今天北京晴，最高气温 25 度，适合外出活动。"

5. 提供反馈

最后，AI Agent 将生成的回应反馈给用户。用户收到答案后，可以根据需要提出新的问题或结束对话。

6. 持续学习与优化

在与用户互动的过程中，AI Agent 能够通过分析用户的反馈和行为，不断学习和优化自身的能力。这种持续的改进使得 AI Agent 可以提供越来越精准和个性化的服务。

1.2.4   AI Agent 如何"执行"：AI 如何根据决策实施行动

除了返回正常的内容，AI Agent 在处理信息时会调用插件，AI Agent 通过这一步骤将决策转化为实际的行动。对于初次接触 AI Agent 的用户，可以将这一过程想象为 AI Agent 通过调用"功能"或"插件",来完成特定任务。以下介绍 AI Agent 如何根据决策实施行动的整个流程,AI Agent 的执行流程如图 1-10 所示。

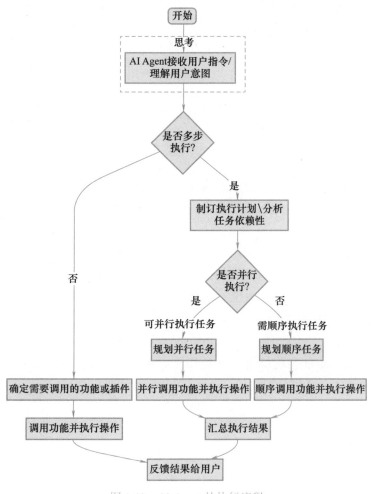

图 1-10　AI Agent 的执行流程

1. AI Agent 从决策到执行的全过程

(1) 理解用户意图

首先,AI Agent 接收用户的指令,例如:"请帮我设置明天早上七点的闹钟。"AI Agent 利用大模型理解这句话的含义,识别出用户希望设置一个闹钟,时间是明天早上七点。

(2) 制订执行计划

在理解用户意图后,AI Agent 需要决定如何实现这一任务。它会考虑需要调用哪个功能或插件,来完成设置闹钟的操作。如果是需要多步完成,AI Agent 需要规划每一步的执行顺序，并看某些步是否可以并行执行。例如，用户想要根据用户输入将用户给定的文本润色后发给同事"张三"，那么规划的流程可以是：

1）查找同事"张三"的电子邮件。

2）整理和润色用户的输入形成邮件正文。

3）发送邮件。

由于查找同事"张三"的电子邮件与整理和润色用户的输入形成邮件正文两件事不存在前后依赖，所以 AI Agent 通常会自动将之规划为可并行执行的任务。

（3）工具调用（Function Call）并执行操作

AI Agent 决定调用内部的"设置闹钟"功能。这就像按下一个按钮，触发了预先编写好的程序。AI Agent 会将必要的信息，如闹钟时间，传递给这个功能。

工具调用（Function Call）：可以理解为预先定义好的一些功能，AI Agent 可以调用这些功能来完成特定的任务。就像按下电灯开关，灯就会亮一样，AI Agent 调用"设定闹钟"功能，就可以为你设定闹钟。

插件：第三方预提供的"工具调用"方式，通常是一些额外的工具或应用程序，可以扩展 AI Agent 的能力。例如，天气查询插件可以让 AI Agent 获取实时的天气信息。

"设置闹钟"功能被调用后，系统会按照指令执行操作，成功设置闹钟。在这个过程中，AI Agent 完成了从决策到执行的转化。

（4）反馈结果

操作完成后，AI Agent 会将结果反馈给用户。例如："已为您设置明天早上七点的闹钟。"这让用户知道任务已经成功完成。

2. 实例解析

（1）示例一：预订餐厅

1）用户指令："请帮我预订今晚七点的餐厅。"

2）理解意图：用户想预订餐厅，时间是今晚七点。

3）制订计划：需要调用"餐厅预订"插件。

4）工具调用：使用插件查询可用餐厅，完成预订。

5）反馈结果："已为您预订今晚七点的餐厅'美味餐厅'，地址是××路××号。"

（2）示例二：发送邮件

1）用户指令："请帮我发送一封邮件给张三，内容是'明天开会'。"

2）理解意图：用户想发送邮件给张三，邮件内容是"明天开会"。

3）制订计划：

- 查找张三的电子邮件。
- 需要调用"发送邮件"功能。

4）调用功能：

- 执行查找张三的电子邮件功能。
- 执行邮件发送操作。

5）反馈结果："邮件已发送给张三。"

AI Agent 通过理解用户的需求，自动决定需要采取的行动，并通过调用相应的功能或插件，实现任务的执行。对于用户而言，只需给出指令，就能帮助完成各种操作。这种自然而高效的交互，源于 AI Agent 在背后对功能调用和插件使用的巧妙运用。

1.3 AI Agent 的分类

在快速发展的人工智能领域，AI Agent 因其多样化的功能和应用场景，成为现代技术生态系统中的重要组成部分。基于使用目的、功能、任务、应用场景以及交互方式等多维度的分类方法，AI Agent 展现出不同的特性和应用优势。从提供稳定、可靠的结果到激发创新创造，再到满足各行业的专业化需求，AI Agent 通过独特的功能定位和设计，为用户提供高效、个性化的服务。

1.3.1 按创意性分类

从 AI Agent 的创意性来看，其可以分为两大类。

1. 用户期望获得稳定的结果

这类 AI Agent 侧重于提供稳定和一致的结果，满足用户对准确性和可靠性的需求。用户期望这些系统能够精确执行指令，输出可预测且一致的结果，避免错误和不一致。对于相同的输入，无论任何情况下用户都希望得到相同的结果。

例如，在生产制造场景中，如果控制机械臂对某个零件进行拧紧操作，需要预先设定位置、角度和力度等参数。无论在白天或夜间，只要输入相同的参数，就要得到一致的指令输出；任何细微偏差都可能导致装配不良或组件失效。对于拥有严格质检标准的流水线，为确保产品品质和一致性，同样的输入必须产生相同的机器指令。

2. 用户期望获得创意性的结果

这类 AI Agent 注重创造性和创新性，为用户提供新颖且富有想象力的输出。用户期望这些系统能够带来独特的见解、灵感和想法，超越预期，为问题提供新的解决方式。用户希望即使输入相同，在每次执行时 AI Agent 仍然能给出不同的结果。

由于功能定位的差异，AI Agent 在生成结果时需要在稳定性和创造性之间找到平衡。这种平衡对于满足不同用户的需求至关重要，同时也影响着大模型的设计和优化方向。

　　例如，在广告创意设计场景，需要多个不同主题或风格的文案方案，用户输入相同的初始需求，希望每次都能得到不同的创意方向，用于比稿或筛选，最好用户一次输入主题 AI Agent 就可以生成数百个高质量的不同内容的方案。该类 AI Agent 在满足创造性需求的同时，也要确保输出具备基本的可行性与逻辑严谨度。

1.3.2　按功能分类

- 对话型 AI Agent：主要用于自然语言处理，能够与用户进行实时对话，提供信息或者解决问题。
- 自动化型 AI Agent：专注于执行特定任务，如数据处理、系统监控和工作流程自动化，提高效率和准确性。
- 推荐型 AI Agent：基于用户行为和偏好分析，提供个性化的建议和推荐，常见于电商和内容平台。
- 决策支持型 AI Agent：通过分析大量数据，帮助用户做出更明智的决策，广泛应用于金融和医疗领域。
- 学习型 AI Agent：利用机器学习技术，自主学习和优化其性能，以适应不断变化的环境和需求。
- 创作型 AI Agent：生成文本、图像或音乐等创意内容，辅助用户进行创作和设计。

1.3.3　按角色分类

　　AI Agent 可以根据其扮演的角色进行分类，这些角色类似于角色扮演中的人物设定，赋予 AI Agent 特定的职业身份或人格特征。通过角色扮演，AI Agent 能够以更加贴合用户需求的方式与用户互动，提供更具个性化和情感化的服务。以下是按角色进行分类的 AI Agent 类型。

1. 专业人士型

- 功能：以特定专业领域的专家身份，为用户提供专业咨询和支持。
- 示例角色：
  - 医生：为用户提供健康咨询、医疗建议和预防措施。
  - 律师：解答法律问题，提供法律意见和维权建议。
  - 理财顾问：帮助用户进行财务规划、投资策略和风险评估。
  - 工程师：解答技术问题，协助解决工程类难题。
- 特点：具备丰富的专业知识，能够提供精准、权威的指导和解决方案。

2. 情感陪伴型

- 功能：作为用户的情感支持者，提供心理安慰和陪伴，关注用户的情绪和心理健康。

- 示例角色：
  - 倾听者：耐心倾听用户的心事，给予鼓励和理解。
  - 朋友：以朋友的身份与用户聊天，分享生活趣事，缓解寂寞感。
  - 生活导师：为用户提供人生建议，帮助面对挑战和困惑。
- 特点：具备共情能力，善于察言观色，能够给予用户情感上的支持和温暖。

3. 教育导师型

- 功能：扮演教师或教练的角色，帮助用户学习新知识和技能。
- 示例角色：
  - 语言老师：教授外语，纠正发音和语法，提升语言水平。
  - 学科辅导：针对数学、物理、化学等学科进行辅导，解答疑问。
  - 健身教练：制订锻炼计划，指导正确的运动方式和饮食建议。
- 特点：具备教学能力，能够因材施教，耐心解答，促进用户的成长和进步。

4. 娱乐伙伴型

- 功能：为用户提供娱乐和放松，让用户的闲暇时光更丰富有乐趣。
- 示例角色：
  - 故事讲述者：讲述有趣的故事、笑话或神话传说。
  - 虚拟角色：扮演影视、游戏中的角色，与用户进行互动。
  - 游戏陪玩：与用户一起进行文字游戏、猜谜或其他互动娱乐活动。
- 特点：活泼、有趣，能够调动气氛，让用户感到愉悦和放松。

5. 生活助理型

- 功能：作为用户的私人助理，协助管理日常事务，提高生活效率。
- 示例角色：
  - 日程管理者：帮助安排日程、设置提醒、组织待办事项。
  - 信息搜索员：快速查找所需信息，如天气、新闻、餐厅推荐等。
  - 购物助手：协助选购商品，比较价格，推荐优质产品。
- 特点：高效、细心，熟悉各种工具和资源，帮助用户节省时间和精力。

6. 创意合作者型

- 功能：与用户一起进行创意活动，激发灵感和想象力。
- 示例角色：
  - 写作伙伴：协助用户进行文章、诗歌、小说的创作。
  - 设计顾问：提供艺术设计方面的建议，如配色、布局等。
  - 头脑风暴协助者：帮助拓展思路，提出新颖的观点和创意。

- 特点：思维活跃，富有创造力，能够启发用户的创新思考。

1.3.4   按照任务分类

根据任务的广泛性和专注性，AI Agent 可以分为以下两类。

1. 通用型 AI Agent

通用型 AI Agent 具备处理多种任务的能力，通常设计为适应不同的应用场景。它们能够理解和生成自然语言，进行翻译、写作、问答等多种语言相关任务。其灵活性使其能够在多个领域中发挥作用，适应用户的多样化需求。我国创业公司 Monica 近期发布的收到广泛关注的 Manus 是全球首个通用型 AI Agent。

2. 专职型 AI Agent

专职型 AI Agent 专注于特定的功能或领域。这些 AI Agent 经过优化，以在特定任务上表现出色。例如，自动驾驶 AI Agent 专门用于车辆的导航和控制，确保在驾驶过程中提供精确和安全的操作。专职性 AI Agent 通常在其专业领域内具有较高的效率和准确性。

这两类 AI Agent 在设计和应用上各有侧重，通用型 AI Agent 强调灵活性和适应性，而专职型 AI Agent 则注重专业性和高效性。

1.3.5   按照应用场景分类

应用场景型 AI Agent 涵盖多个领域，通过高层次的抽象，可以将这些场景整合为以下几大类。

1. 医疗与健康管理类 AI Agent

这一类 AI Agent 涵盖的领域包括医疗诊断和个人健康管理。AI Agent 在此领域辅助医生进行疾病诊断，分析医学影像和病历记录，同时为个人提供健康数据监测、健康建议和锻炼计划。

2. 金融与财务管理类 AI Agent

这一类 AI Agent 涵盖的领域包括金融分析和个人财务规划。AI Agent 进行市场趋势分析、风险评估，提供投资建议，并帮助个人管理预算和支出。

3. 教育与学习类 AI Agent

这一类 AI Agent 涵盖的领域包括教育辅导和语言学习。AI Agent 提供个性化学习计划，分析学生表现，以调整教学策略，并提供语言课程和练习。

4. 客户服务与流程优化

这一类 AI Agent 涵盖的领域涉及客户服务和复杂流程处理。AI Agent 可以实现自动化客户支持，快速响应和解决问题，同时优化业务流程，提高效率。

5. 智能家居与个人助理

这一类 AI Agent 涵盖的领域包括智能家居管理和个人助理功能。AI Agent 可以管理家用设备，实现语音控制和自动化调节，并帮助用户管理日程、提醒事项和信息获取。

6. 自媒体创作与多媒体处理

这一类 AI Agent 涵盖的领域包括音乐、视频、文字和图片处理。AI Agent 分析和生成音乐，进行视频编辑、文本处理和图像识别，支持创作和内容推荐。

这些 AI Agent 通过在各自领域中的专业化应用，为用户提供个性化和高效的服务，满足不同领域的需求，实现多样化的价值创造。

1.3.6 按照交互方式分类

1. 与人进行交互的 AI Agent

这一类 AI Agent 的 UI 界面为用户提供与 AI Agent 直接交互的平台，通常通过图形用户界面呈现。一般的 AI Agent 是通过网页或计算机的应用程序来提供用户的操作界面的，但也有其他的一些形式。

Copilot 是 UI 界面的一种形式，作为嵌入在软件应用中的智能助手，提供实时建议和任务自动化功能。App 则是独立应用程序形式的 AI Agent，专注于提供特定功能，如健康监测或财务管理类 AI Agent。

2. 与程序进行交互的 AI Agent

AI Agent 还可以与各种业务系统和数据源进行双向连接，实现跨系统的协同工作。

- API：通过应用程序接口进行集成，让 AI Agent 成为软件系统的一部分，提供智能化功能和服务。API 可与自动化单击软件（Robotic Process Automation，RPA）联动，实现更复杂的自动化任务和流程优化。
- 自动执行：在后台自动完成任务，无须人工干预，多用于数据分析、报告生成等需要高效处理的场景，提升工作效率。
- Webhook：基于事件触发的网络"钩子"。当特定事件发生时，AI Agent 自动执行预定义操作或发送通知，实现实时响应和自动化处理。
- 命令行接口（CLI）：通过命令行与 AI Agent 交互，适合技术用户和开发者进行快速操作和脚本化任务。
- 邮件接口：通过电子邮件与 AI Agent 交互，适用于需要记录和异步处理的任务场景。
- 物联网设备（IoT）：与物联网设备集成，通过传感器和控制器进行交互，实现环境监测和设备管理。

- 增强现实（AR）和虚拟现实（VR）：在增强现实或虚拟现实环境中与 AI Agent 交互，提供沉浸式体验和互动式学习。

1.3.7　按自定义的实现方式分类

根据 AI Agent 的自定义实现方式，可以将其分为以下四类。

1. 简单的 AI Agent

这类 Agent 实现简单，功能明确，主要执行单一、预定义的任务。它们按照设定的规则或模型进行操作，缺乏自主学习和规划能力。典型应用包括回答固定问题的聊天机器人、自动回复系统等。这些 Agent 的实现方式通常基于规则引擎或提示词来使用大模型，自定义相对容易。

2. 自主规划型 AI Agent

这类 Agent 具备一定的自主性，能够根据提示词设定、AI Agent 设定以及使用的插件，来自主规划任务执行方案。这类 Agent 常用于需要动态决策的场景，如数据分析、智能助理等。

3. 工作流式 AI Agent

这类 Agent 基于预设的工作流或业务流程，按照定义好的步骤和条件执行任务。它们能够协调多个子任务或模块，确保任务以正确的顺序和逻辑完成。实现方式通常涉及工作流引擎、流程编排和任务调度等技术。这类 Agent 适用于企业流程自动化、任务管理系统等，需要对复杂流程进行控制和管理的场景。

4. 多 Agent 交互

在这种实现方式中，多个 AI Agent 可以相互交互和协作，共同完成复杂的任务。每个 Agent 都具有特定的功能或角色，彼此通信、共享信息，并协调行动以达到共同的目标。实现多 Agent 系统需要处理 Agent 之间的通信协议、协作策略和冲突解决机制。应用场景包括多角色群体策划、数字员工群聊等。

1.4　为什么 AI Agent 特别重要

AI Agent 的重要性体现在以下几个方面：首先，AI Agent 是 AI 应用的发展方向；其次，AI Agent 是 AI 产业的下一个风口；再次，AI Agent 是发挥 AI 效能的最佳形式；最后，AI Agent 有望重构所有软件。

1.4.1　AI 应用的发展方向

众多 IT 行业的巨头们纷纷看好 AI Agent 的前景，认为其是 AI 应用的发展方向。

- OpenAI 的 CEO 山姆·奥特曼认为，AI Agent 将成为 AI 领域的"杀手级应用"，在我们的日常生活中发挥极大的作用。奥特曼设想 AI Agent 将成为超级能干的同事，了解我们生活中的一切，从电子邮件到对话，并能帮助我们完成各种任务。他还预测，AI Agent 将进入劳动力市场，并显著改变公司的产出。
- Meta 的 CEO 扎克伯格表示，AI Agent 将推动虚拟现实和增强现实技术的发展，为用户提供沉浸式的体验。
- Microsoft 的 CEO 纳德拉认为，AI Agent 将彻底改变人们的工作方式，提高生产力，并且能够为企业带来巨大的商业价值。
- 零一万物的 CEO、创新工场董事长李开复判断，2025 年是 AI-First 应用迎来爆发之际，也是大模型行业面临商业化拷问之时。当前，性能足够好、推理足够快、价格足够低的模型层出不穷，为 AI-First 应用的爆发提供了坚实基础。
- 周鸿祎（360 集团创始人）认为，当前大模型产业已经演化出两条泾渭分明的发展路线，一条是 AGI 之路，另一条是应用之路。他强调，AI Agent 的应用将为企业数智化转型创造巨大的商业价值。
- 何征宇（蚂蚁集团 CTO）表示，AGI 的发展将推动服务行业经历前所未有的规模和速度的转型。AI Agent 将优先考虑人类的需求和情感，促成服务由标准化模式向个性化体验的蜕变。

众多行业领袖均看好 AI Agent 的发展前景。所有领域都一致认为，AI Agent 将大幅提升工作效率，改变人们的工作和生活方式，并促进各行各业的生产力发展。这表明，AI Agent 将成为未来 AI 应用的主要方向。

1.4.2　AI 产业的下一个风口

之前提到，AI Agent 的开发能力已经向非专业人士开放。这意味着 AI Agent 应用的开发不再是懂 AI 的专业人士或程序员的专利，而是了解业务方向的普通人也可以进行操作。鉴于当前存在着众多的垂直领域，每个领域中都有了解业务的个体，因此，在 AI Agent 技术发展的初期，就已经有大量的个人通过 AI Agent 完成了自我升级，并取得了令人瞩目的成果。

近年来，AI Agent 领域的快速发展引起了业界巨头和投资者的高度关注。百度于 2023 年发布了文心一言平台，这是一个基于大规模预训练模型的对话式 AI，旨在为用户提供智能问答、内容生成等服务。文心一言的推出，标志着百度在 AI 领域的技术实力达到了新的高度。腾讯也在积极布局人工智能领域，推出了自研的混元大模型和元宝平台。字节跳动（Byte Dance）推出了豆包和扣子平台。其中，豆包是面向普通用户的 AI 助手，提供智能问答、内容推荐等功能；扣子则是面向开发者的 AI 开放平台，提供 API 接口和开发工具，支持各类 AI 应用的开发。快手则发布了可灵，这是一款基于 AI 技术的智能创作工具，帮助用户在短视频内容创作中提升效率和创意。可灵利用先进的 AI 算法，为用户提供素材推荐、创意生成等功能，降低了内容创作的门槛。

这些互联网巨头的积极布局，显示了业界对 AI Agent 技术的高度认可和重视。同时，风险投资机构也加大了对 AI 初创企业的投资力度。根据最新的数据，2023 年，全球对 AI 领域的投资额持续攀升，达到历史新高。众多初创企业在 AI Agent 领域崭露头角，吸引了大量资本的关注。

AI Agent 技术的快速发展，使其在金融、医疗、教育、制造等众多垂直领域中拥有广泛的应用前景。个人创业者和从业者可以利用 AI Agent 技术，实现业务创新，创造新的商业模式和服务。对于个人而言，这是一个实现自我成长为"超体个体"的绝佳风口。

2025 年初的 DeepSeek 的发布，更为 AI Agent 带来了一波强大的技术支持，大大降低了 AI Agent 的部署成本，也同时提升了 AI Agent 的能力上限。

AI Agent 作为新一轮技术革新的核心驱动力，正引领着行业的发展方向。抓住这个机遇，利用 AI Agent 技术，个人有机会在各自的领域中取得突破性的进展，创造无限可能。

1.4.3 发挥 AI 效能的最佳形式

由于 AI Agent 可以全天无休、批量化调用、成本易控，所以只要有其应用场景，就可以利用 AI Agent，全天候批量进行工作，灵活性和易用性也是其显著优势，能够适应不同的行业需求。

而且 AI Agent 在处理数据和做出复杂决策时表现得尤为出色。在金融行业，AI Agent 可以实时分析市场数据并做出交易决策；在医疗领域，它们能够辅助医生进行诊断，提高准确性和效率；而在自媒体行业，AI Agent 可以自动生成内容、优化发布策略，从而扩大影响力和增加收益。对于自媒体创作者而言，AI Agent 不仅能帮助快速生成高质量内容，还能分析受众数据，优化传播效果。此外，AI Agent 的简便性使得其开发的门槛不高，即便是非技术人员也能轻松上手使用。这在加速企业和个人的数字化转型中起到了关键作用。

从成本角度来看，AI Agent 的实施虽然需要一定投入，但其带来的效率提升和成本节约远超初期投资。更重要的是，AI Agent 的成本结构清晰，易于核算，使得企业能够准确评估投资回报。多项研究和用户反馈表明，使用 AI Agent 的企业在生产力和成本效益方面均显著优于未使用者。因此，凭借其高效、灵活和易用的特点，AI Agent 无疑是释放 AI 潜力的最佳选择，为用户创造了显著的价值和竞争优势。

随着 2025 年初国产开源大模型 DeepSeek 的横空出世，对于 AI Agent 的应用与开发更是超级利好，DeepSeek 将协助更多人成为超级个体，使 AI Agent 应用进入一个全新的时代，每个人都将拥有全行业知识的超级大脑作为自己的助手。有着行业知识的个人可以快速构建出原本需要精良团队，甚至有行业专家、学术专家参与才能开发出的 AI Agent。

1.4.4 AI Agent 将重构所有软件

传统软件开发依赖于明确的需求分析、设计、编码和测试流程。开发团队通常由具备专业技能的研发人员组成，他们需要深入理解编程语言和框架。这种模式要求高水平的研发能力，且开发过程耗时，容易出现错误。此外，软件的更新和维护常常需要大量的人力，导致成本上升和响应速度缓慢。

在大模型的支持下，AI Agent 能够将许多软件开发的任务自动化完成。与传统开发模式不同，AI Agent 主要通过提示词与能力规划来实现功能。用户只需提供简单的指令，AI Agent 便能理解需求并生成相应的代码。这种方式不仅提高了开发效率，还显著降低了对高水平研发能力的依赖。

AI Agent 使软件开发变得更加灵活和高效，从而重构整个软件开发流程。

从功能上来看，随着 AI Agent 大模型出现，许多原本需要通过复杂流程才能实现的功能，在 AI Agent 的支持下将变得易于实现。原本可能需要数万行代码的功能，现在通过 AI Agent 只需用数行代码即可完成。因此，无论是传统软件还是基于 AI Agent 的软件，都将发生重大变化。

1.4.5 未来 AI Agent 的终极形态

AI Agent 的最终形式将会趋于通用型 AI Agent（前文 1.3.4 节按照任务分类进行了介绍），即人类将任务用自然语言描述给 AI Agent，AI Agent 将通过规划任务、拆解任务，分派给其他的可以完成具体功能 AI Agent 最终协力完成一项具体任务。

例如，用户想要进行简历的筛选，并与用户进行沟通筛选出符合要求的求职者，那么 AI Agent 将自动将这些要求进行规划拆解，变成细粒度的子任务，而再将这些子任务交付给一些可以处理特定功能的 AI Agent，例如可以分析网页、分析窗口、可以做简历提取的、可以与用户进行聊天的 AI Agent。来共同协作完成这一任务。近期引爆关注的 Manus 即为此类通用型 AI Agent 的典型代表，其具备从规划到执行全流程自主完成任务的能力，如撰写报告、制作表格等。Manus 不仅生成想法，更能独立思考并采取行动。

随着大模型技术的快速进步，这类通用型 AI Agent 会不断发展、日趋完善，终会在不远的未来走入我们的现实生活，帮助我们完成各种各样的任务，甚至取代很多岗位的工作（这是另一个话题，在此不再深入探讨）。

第 2 章
各具特色的 AI Agent 平台

在当今的人工智能领域，AI Agent 平台正在迅速发展，成为提升工作效率和丰富日常生活的重要工具。这些平台通过强大的自然语言处理、图像生成和数据分析等功能，为用户提供了多种 AI Agent 的解决方案。无论是在商业、教育、技术支持还是个人创作领域，AI Agent 平台都扮演着关键角色，帮助用户高效地获取信息、解决问题和实现创意。

各大科技公司纷纷推出各具特色的 AI Agent 平台。深度求索的 DeepSeek、百度的文心一言、OpenAI 的 ChatGPT、微软的 Azure OpenAI、腾讯的元宝、字节跳动的豆包、软积木的 ChatU 以及字节跳动的扣子等平台，均通过不同的功能和服务来满足用户的多样化需求。这些平台不仅在技术上不断创新，也在用户体验上力求简化和人性化，使得 AI 技术更易于接触和使用。本章就将系统介绍这些功能特色各异的主流 AI Agent 平台。

学习时长：2 小时。

2.1　DeepSeek：强大的推理型 AI Agent

- 产品名：DeepSeek。
- 类型：对话型 AI Agent。
- 是否提供 AI Agent 开发平台：否。
- 特点：推理能力强大。

DeepSeek 在 2024 年末、2005 年初相继发布 DeepSeek-V3、DeepSeek-R1 等多种大模型，并随后发布了 DeepSeek 应用。DeepSeek 的开源、低成本优势，以及可以与当今最强大的大模型一争高下的推理能力快速俘获了众多用户，DeepSeek 应用发布不到一周就已经占据众多国家的 App 下载排行榜首位。各大 AI Agent 平台、云平台与众多应用也随之快速支持了

DeepSeek。

DeepSeek-R1 的成功提供了 AI 的全新发展思路，在颠覆了 OpenAI 的以堆叠算力为基础的 AI 发展路径的同时，证明了在算力受限的条件下，依靠算法创新也能实现技术跨越。为中国 AI 产业积累了在有限算力环境中实现技术跃迁的实践经验。

另外，DeepSeek 与其他头部 AI 大模型相比最大的特点是开源，这就意味着 DeepSeek 可以进行私有化部署，甚至通过模型蒸馏，一些 DeepSeek 的小参数模型可以运行在普通 PC 上，这为 AI Agent 拓展了更多的业务场景。

本书后续章节会专门介绍利用 DeepSeek 大模型来构建 AI Agent，以及通过代码来建立可本地运行的基于 DeepSeek 的 AI Agent 的相关内容。

2.1.1　网页访问 DeepSeek

用户可以通过访问网址 https://chat.deepseek.com/进入 DeepSeek 官网，并使用手机号或微信进行注册并登录，登录后界面如图 2-1 所示。

图 2-1　DeepSeek 网站界面

用户可以在文本框中编写问题，并单击发送按钮，DeepSeek 将会按用户问题进行回答。

2.1.2　App 访问 DeepSeek

如果想要在手机上使用 DeepSeek，用户可以通过在应用市场中搜索 DeepSeek 进行下载安装，并使用手机号或微信进行登录，登录后界面如图 2-2 所示。

用户单击右上角的"＋"可以创建新的会话，单击左上角的"菜单"图标则可以切换回之前的会话进行继续对话。

图 2-2   DeepSeek App 界面

2.1.3   DeepSeek 的特色功能

DeepSeek 拥有众多特色功能，包括深度思考功能，联网搜索功能，以及开源、低成本、快速本地部署功能。

1. 深度思考功能

DeepSeek 拥有强大的推理能力，可以进行深度思考分析。在网页或 App 中都可以通过选择 "深度思考（R1）" 这个版本的模型进入深度思考模式，DeepSeek 不同于其他的推理模型的特点之一就是它会将整个思考、分析、反思的过程展现出来，如图 2-3 所示。这让 AI Agent 的思考过程不再是一个黑盒，而变得更加透明。

2. 联网搜索功能

DeepSeek 提供的另外一个功能就是 "联网搜索" 功能，用户可以通过选中输入框下面的 "联网搜索" 按钮，在发送消息时要求 DeepSeek 对知识进行联网查找，这样 DeepSeek 就会通过搜索关键字汇总知识后再进行解答。如图 2-4 所示，针对用户提问，DeepSeek 进行了搜索并汇总搜索后的答案进行了全面的回答。

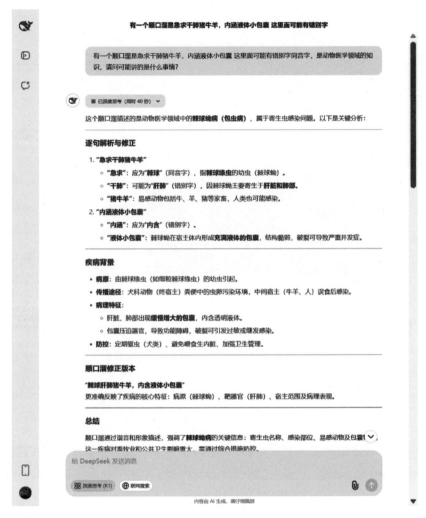

图 2-3　DeepSeek 的深度思考能力

3. 开源且可低成本部署

DeepSeek 的开源特性有效打破了传统闭源大模型的技术垄断，为使用者带来以下诸多价值。

- 全栈开源生态：提供 DeepSeek-R1、训练框架（含分布式优化技术）及配套工具链，支持灵活的二次开发。
- 私有化部署方案：提供从单机到集群的部署指南，提供了各种普通企业级 GPU 服务器可承载的小参数模型，从而实现私有化本地部署。
- 大幅降低部署成本：相比同规模的闭源模型，DeepSeek 私有部署综合成本降低 80% 以上，支持按需弹性扩展的混合云部署模式，显著降低中小企业的 AI 应用门槛。

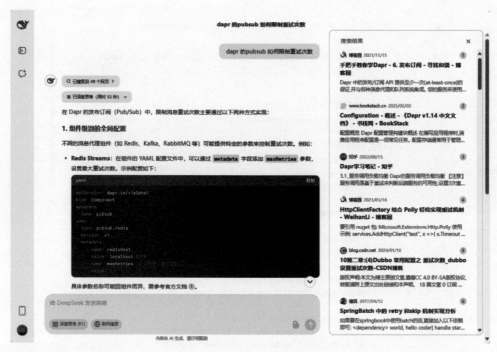

图 2-4   DeepSeek 联网搜索功能

本书第 6 章将系统介绍如何通过 Ollama 进行私有化部署 DeepSeek 及使用 DeepSeek 开发 AI Agent。

2.2   文心一言（百度）：多功能的 AI 平台

- 产品名：文心一言。
- 类型：对话型 AI Agent。
- 是否提供 AI Agent 开发平台：是。
- 特点：强大的中文语料与搜索。

文心一言是百度研发的大语言模型产品，任何人都可以通过输入提示词与文心一言进行对话互动，提出问题或要求，让文心一言高效地帮助获取信息、知识和灵感。提示词指的是用户向文心一言输入的文字，可以是提出的问题（如"帮我解释一下什么是芯片"），也可以是希望文心一言协助完成的任务（如"帮我写一首诗"或"帮我画一幅画"）。

文心一言由文心大模型驱动，具备理解、生成、逻辑、记忆四大基础能力。当前，文心大模型已升级至 4.0 Turbo 版本，能够帮助用户轻松完成各类复杂任务。理解能力方面，文心一言能够听懂潜台词、复杂句式和专业术语，基本上可以理解人类说的每一句话。生成能力方面，它能够快速生成文本、代码、图片、图表和视频，几乎可以生成用户所需的所有内容。逻辑能力方面，文心一言可以解决复杂的逻辑难题、困难的数学计算以及重要的职业和生活决策，具备高情商和智商。记忆能力方面，它不仅具有高性能，还拥有良好的记忆能力，经过多轮对话后，能够记住用户话语中的重点，帮助用户逐步解决复杂任务。

2.2.1　访问和使用文心一言

1. 网页端访问文心一言

文心一言可以通过其官方网站访问：https://yiyan.baidu.com/，直接输入文本内容就可以获得多样化的响应，如图 2-5 所示。

图 2-5　文心一言官网首页

用户在官网首页单击"立即登录"，按照页面指引注册账号并完成登录操作后，系统会自动跳转至主界面，该主界面包含会话、选择模型、智能体广场等功能，如图 2-6 所示。

文心一言内置了丰富的文本生成模板，如创意写作、文档分析等，便于用户在登录后快速上手使用。单击"新对话"创建新的对话，可直接与文心大模型进行交流如图 2-7 所示。

图 2-6　文心一言登录后的界面

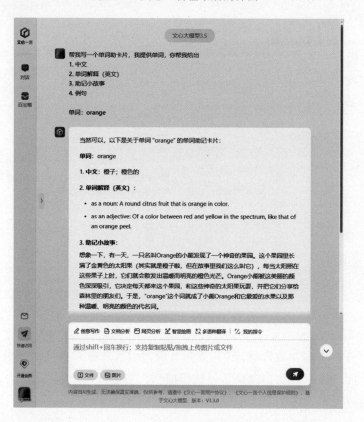

图 2-7　文心大模型生成的反馈内容

2. 手机 App 访问文心一言

文心一言的手机端 App 为"文小言"，用户可以在各大应用市场搜索并获取使用，文小言的界面如图 2-8 所示。

图 2-8　文小言界面

打开文小言后，可登录账号并使用与网页端文心一言相似的主要功能，包括对话问答、文本创作等，方便随时随地获取 AI 支持。在"文小言"App 中，用户可以更加方便地使用"拍照""对话分享"和"语音输入"等功能，满足多场景下的信息获取与交流需求。

2.2.2　文心一言的"智能体广场"

文心一言提供了包含有着众多 AI Agent 的"智能体广场"，可根据需求直接选用并使用合适的 AI Agent。该广场列出多种 AI Agent 的简介与功能说明，便于快速筛选匹配实际需求，发挥 AI Agent 的多样化能力，如图 2-9 所示。

图 2-9　文心一言智能体广场

2.2.3　文心一言的 AI Agent 开发平台

文心一言提供的"智能体广场"可以为用户提供丰富的 AI Agent，用户还可以通过文心一言的 AI Agent 开发平台："文心智能体平台 Agent Builder"快速打造属于自己的 AI Agent。文心智能体平台的网址为：https://agents.baidu.com/，如图 2-10 所示。

文心智能体平台为 AI Agent 开发者提供了一个便捷且高效的环境，进入平台后，用户可以通过单击"创建智能体"按钮，进行设置以快速生成 AI Agent，如图 2-11 所示。

除此之外，文心智能体平台还提供丰富的高级设置选项，以满足用户的个性化需求。这些高级设置包括提示词设置，用户可以通过提示词更明确地指导模型的思考过程；包括逻辑和工具调用指示，用户可以提升其创建的 AI Agent 的实用性，以满足自己的业务需求。

图 2-10   文心智能体平台

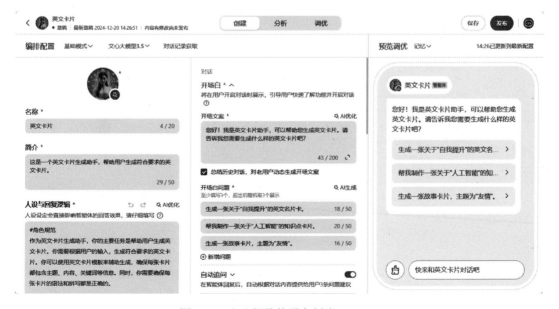

图 2-11   文心智能体平台创建 AI Agent

2.3　ChatGPT：AI Agent 平台先导者

- 产品名：ChatGPT。
- 类型：对话型 AI Agent。
- 是否提供 AI Agent 开发平台：是。
- 特点：最早提供大模型技术的产品，引领行业标准。

当今最知名的 AI 工具是 OpenAI 旗下的 ChatGPT。ChatGPT 以其强大的自然语言处理能力而闻名，也是所有 AI 工具中最先惊艳世人的。ChatGPT 所提供的功能也是其他 AI 工具所纷纷效仿的标杆，AI Agent 平台"GPTs"也是由 OpenAI 率先提出的。其不断更新和改进的特性，使其保持在 AI 工具领域的领先地位。

2.3.1　访问和使用 ChatGPT

1. 个人用户网页端访问和使用 ChatGPT

个人用户可以直接访问网址：https://chatgpt.com 使用 ChatGPT，按提示使用邮箱或谷歌账号、微软账号登录或注册之后即可使用，chatgpt.com 的使用界面如图 2-12 所示。

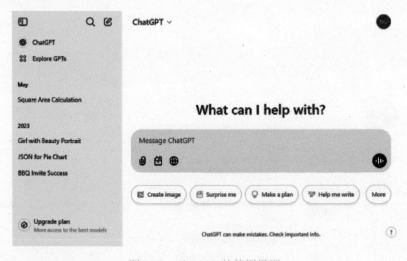

图 2-12　ChatGPT 的使用界面

用户可以免费使用 ChatGPT，但默认只能使用效果一般的 gpt-4o-mini 模型，如果希望使用更强大的模型（如 gpt-4o 或 o1 模型）以及使用 AI Agent 市场，需要订阅 ChatGPT 会员，如图 2-13 所示。

图 2-13　chatgpt. com 的使用界面

2. 组织访问和使用 OpenAI

如果是企业用户或者想要按需付费使用 OpenAI 的 API 平台及操场，可通过访问 https://platform.openai.com/，并登录或注册（账号与 chatgpt.com 通用）实现。登录后，单击右上的 "Start building"，添加并创建组织信息（如图 2-14 所示），之后即可使用 OpenAI 的 API 平台及操场，如图 2-15 所示。

图 2-14　创建组织信息

图 2-15   OpenAI API 平台操场

操场的功能是为开发者提供一个可视化环境，用于快速测试与验证模型的各种参数和功能，便于进行原型开发、调试与迭代。

2.3.2   ChatGPT 的功能特色

OpenAI 作为 AI 行业的先导者，在实践中不断更新功能，当前有很多 AI Agent 功能的初始概念或概念原型都是来源于 ChatGPT。

1. 图片生成功能

OpenAI 有着自己独立研发的图片生成模型 DALL-E。所以在其功能中也集成了对应的图片生成功能，用户可以通过单击图片生成，或者通过提示词要求进行图片生成来调用 DALL-E 进行图片生成操作，如图 2-16 所示。

2. Canvas 功能

ChatGPT 的"画布"（Canvas）功能是一种与 ChatGPT 合作进行写作和编码的新功能。画布可以在单独的窗口中打开，允许用户与 ChatGPT 并肩协作，不仅通过对话，还可以共同创建和完善想法。目前，该功能在 ChatGPT Plus 和团队用户中推出，未来计划对所有用户免费开放。

画布旨在改善与 ChatGPT 的协作，特别是在需要编辑和修订的项目中。用户可以高亮特定部分，让 ChatGPT 专注于特定内容，并提供内嵌反馈和建议。用户可以直接编辑文本或代码，并使用快捷菜单进行调整，如调整写作长度、调试代码等。

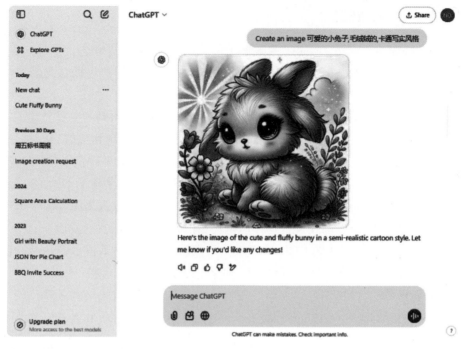

图 2-16　ChatGPT 生成的图片

在编码方面，画布使得跟踪和理解 ChatGPT 的修改变得更容易，并提供诸如代码审查、添加日志、添加注释、修复错误和语言移植等功能。

ChatGPT 的 Canvas 功能如图 2-17 所示。

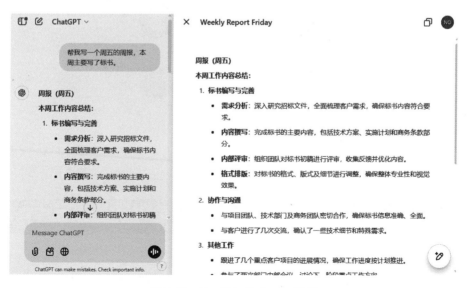

图 2-17　ChatGPT 的 Canvas 功能

2.3.3　GPTs：OpenAI 的 AI Agent 市场

在各个 AI Agent 平台中，OpenAI 首先提出了 AI Agent 市场的概念，并通过推出 GPTs 实现了这一想法。GPTs 是 OpenAI 开发的定制化 AI 助手，允许用户根据自身需求创建专属的 AI Agent。

GPTs 的出现标志着 AI 技术应用的一个重要里程碑。用户无须具备编程技能或深厚的技术背景，只需通过简单的步骤，就能在 ChatGPT 平台上创建、定制和部署自己的 AI Agent。这种创新使 AI 技术从专业领域拓展到普通用户的日常生活，极大地降低了应用 AI 的门槛。

GPTs 同时也是一个类似应用商店的平台，允许用户分享他们创建的 GPTs。这将有望形成一个繁荣的 AI Agent 生态系统，为创造者和 OpenAI 带来新的收入来源。GPT 商店的建立不仅鼓励用户参与 AI 生态圈的建设，还可能推动 AI Agent 市场的快速发展。

与其他平台相比，OpenAI 的 GPTs 有着较强的先发优势，为 AI 技术的普及和应用提供了新的可能性。未来，随着更多用户和开发者的参与，AI Agent 市场有望成为推动 AI 技术创新和应用的重要力量。

用户可以通过访问 https://chatgpt.com/gpts 创建或使用他人创建的 AI Agent，如图 2-18 所示。

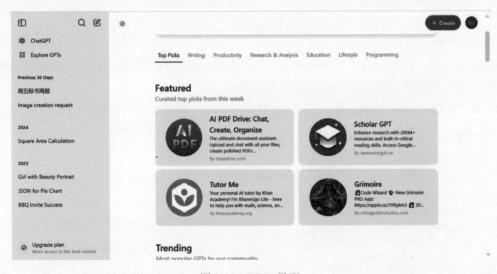

图 2-18　GPTs 界面

2.4　微软 Azure OpenAI：企业级 AI Agent 开发与服务平台

- 产品名：Azure OpenAI。
- 类型：对话型 AI Agent、用户可以自行通过编程编写 AI Agent。

- 是否提供 AI Agent 开发平台：是。
- 特点：企业使用 OpenAI 大模型的首选，天生与微软产品关系紧密，可以通过平台快速发布 AI 应用。

Microsoft AzureOpenAI 是一项云服务，集成了 OpenAI 的先进人工智能模型，包括 GPT-4、GPT-3、Codex 和 DALL-E 等。该服务允许企业和开发者在 Azure 平台上访问和使用这些强大的 AI 模型，以构建智能应用和解决方案。通过 Azure OpenAI，可以实现自然语言处理、代码生成和图像生成等功能，从而提升业务效率和创新能力。该服务提供企业级的安全性、合规性和全球可扩展性，以满足不同规模和行业的需求。用户也可以创建、使用和部署自己定义的 AI Agent。

2.4.1　访问和使用 Azure OpenAI

用户可使用微软账号登录访问 https://portal.azure.com/ 使用 Azure OpenAI，用户需要确保账号具备访问 Azure 服务的权限，在 Azure 平台中用户可以对 Azure OpenAI 进行管理，例如监控模型使用情况、控制成本，Azure OpenAI 服务的界面如图 2-19 所示。在创建了 Azure OpenAI 后，用户相当于有了构建 AI Agent 的 "基础设施"。

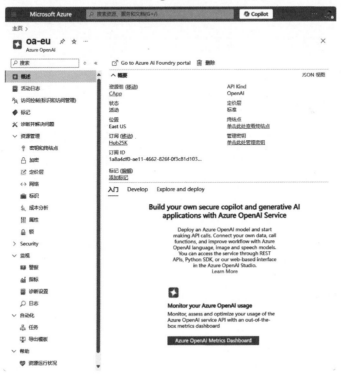

图 2-19　Azure OpenAI 服务界面

在创建了 Azure OpenAI 服务后，可以使用微软提供的 Azure AI Foundry 平台（https://oai.azure.com/）来方便部署和使用 AI 模型。Azure AI Foundry 平台如图 2-20 所示。用户可以在 Azure AI Foundry 上创建管理各种大模型，创建 AI Agent 及将创建的 AI Agent 快速部署为网站等形式。这个平台既是一个 AI Agent 的简单使用平台，又是一个 AI Agent 的开发部署平台。

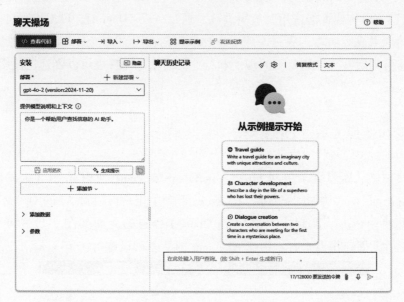

图 2-20   Azure AI Foundry 平台

2.4.2   Azure OpenAI Service 的特色功能

Azure OpenAI 服务通过整合 OpenAI 的 O 系列推理模型，GPT 系列的 GPT-4o、GPT-4、GPT-3、Codex、以及图片生成的 DALL-E、语音模型 Whisper，为用户提供先进的语言 AI 能力，确保与 Azure 的安全标准和企业级承诺一致。Azure OpenAI 与 OpenAI 合作开发 API，保障两者的兼容性和顺利对接。用户在使用 Azure OpenAI 时，可以在运行 OpenAI 模型的同时，享受 Microsoft Azure 的安全保障。该服务还提供专用网络、区域可用性以及负责任的 AI 内容过滤功能。

1. 企业级功能

作为支持平台，微软云为开发者和企业提供了一些独特功能。

- 集成能力：微软云提供与其他 Azure 服务的无缝集成，帮助开发者轻松构建和部署复杂的应用程序。这种集成能力可以加速开发过程，并使应用程序更具弹性和可扩展性。

- 安全与合规：Azure 提供企业级别的安全措施和合规认证，确保数据的机密性、完整性和可用性。这使企业能够在全球范围内遵循不同的法规和标准。
- 高可用性与弹性：Azure 基础设施具有高可用性设计和弹性扩展能力，支持企业在不同的负载条件下平稳运行应用程序，确保业务连续性。
- 开发工具与支持：Azure 提供广泛的开发工具和技术支持，包括 SDK、API 和技术文档，以帮助开发者有效利用 Azure OpenAI Service 构建创新解决方案。
- 成本优化：通过灵活的定价模型和资源管理工具，企业可以优化成本支出，确保在满足需求的同时，实现经济高效的云服务使用。

2. 模型调用和微调整功能

Azure OpenAI 提供了众多模型调用及微调功能，用户可以快速地通过界面或 API 来调用这些功能。

- 助手：使用预生成的对话状态管理和自定义工具，快速开发支持大模型的 AI Agent。
- 聊天：使用 ChatGPT 设计 AI 助手，可快速使用 OpenAI 的模型进行试验。
- 获取用户自己的数据：用户将自己的数据放在托管 AI 模型上，可以快速实现知识库或文件访问，以创建用户助手、完成任务和决策会议的Copilot。
- 图像：通过调用 DALL-E，实现通过自然语言文本生成图像。
- 微调：使用自己的数据训练自定义模型，创建自定义模型。

2.5 元宝（腾讯）：小程序中可快速使用的 AI 平台

- 产品名：元宝。
- 类型：对话型 AI Agent、图片生成、视频生成、3D 模型生成。
- 是否提供 AI Agent 开发平台：是。
- 特点：依赖腾讯特有资源、在图片生成、视频生成、3D 模型生成上有着独特优势。

腾讯元宝是腾讯推出的基于自研混元大模型的面向用户端的 AI 助手 App，旨在提升工作效率和丰富日常生活。用户可以方便地通过网页、腾讯电脑管家、微信小程序进行访问。

用户可以通过元宝创建 AI Agent。元宝不仅功能强大，而且易于使用，涵盖多个特色 AI 应用，能够为用户提供更加智能和便捷的体验。

2.5.1 访问和使用元宝

1. 通过网页访问元宝

访问 https://yuanbao. tencent. com/，使用微信、QQ、手机号登录即可快速使用元宝。网页端的元宝平台如图 2-21 所示。

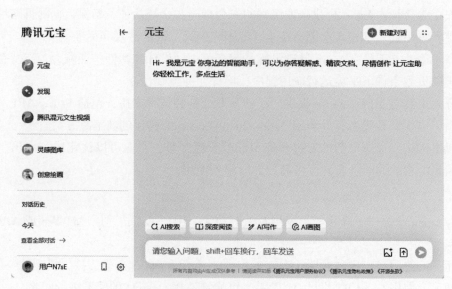

图 2-21   网页端的元宝平台

2. 其他方式访问元宝

如果是腾讯电脑管家用户，在将腾讯电脑管家升级到最新版本后，即可通过电脑管家浮动菜单中的"AI 问答"来使用元宝，图 2-22 所示。

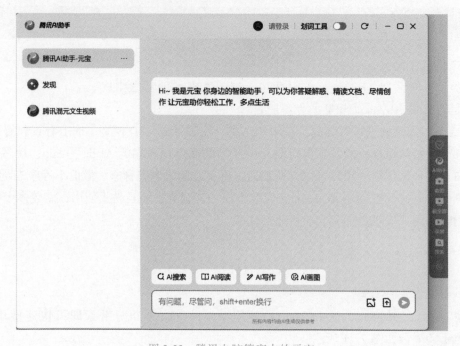

图 2-22   腾讯电脑管家中的元宝

在 App 应用市场中搜索"腾讯元宝"并下载安装,可通过 App 使用腾讯元宝。也可在微信小程序中搜索"腾讯元宝",直接进入腾讯元宝小程序使用元宝,如图 2-23 所示。

图 2-23　微信小程序中的腾讯元宝

2.5.2　元宝的特色功能

元宝提供了 AI 对话、绘画以及文生视频的功能。另外元宝 App 中还推出的 AI 相册功能,可以快速生成基于用户脸部的照片。

1. 混元视频生成

文生视频是元宝的特色服务,其基于 Tencent-Video 模型生成的视频流畅而逼真,更是提供了包括:景别(近景、广角);镜头设置(手持镜头、固定镜头等);光线设置(阴天、明亮、暖光等)这样的特色设定。元宝的文生视频功能如图 2-24 所示。

图 2-24   元宝的文生视频功能

2. 元宝 AI 相册

元宝提供了 AI 相册功能，用户上传自己的照片，元宝可以对照片进行快速的训练，然后基于人脸生成对应模板的图片，十分有趣。元宝的 AI 相册界面如图 2-25 所示。

图 2-25　元宝 AI 相册界面

2.5.3　元宝应用广场

　　元宝支持创建自定义的 AI Agent 及使用他人创建的 AI Agent。用户可以通过访问元宝 Web 端的"应用"菜单进入元宝的"应用广场",查询和使用他人创建的 AI Agent。或者通过右上角的"创建智能体"创建一个自己的 AI Agent 来给其他人使用,如图 2-26 所示。

图 2-26   腾讯元宝应用广场

2.6   可灵 AI（快手）：AI 媒体创意平台

- 产品名：可灵 AI。
- 类型：视频生成、图片生成。
- 是否提供 AI Agent 开发平台：否。
- 特点：在视频生成和图片生成上有着强大优势。

可灵 AI 由快手大模型团队自主研发，基于可灵大模型（Kling），是一款提供了图片生成与视频生成能力的 AI Agent 平台，具有强大的视频生成能力，能够让用户轻松高效地完成艺术视频创作。可灵 AI 能够生成大幅度的合理运动，并模拟物理世界的特性，从而生成高质量的 AI 视频。

当前，众多短视频平台中类似"吃菌子出幻觉""宠物下厨房""跨时空拥抱"等爆款视频背后都有可灵 AI 的影子。

2.6.1　访问和使用可灵 AI

可灵 AI 支持网页端及移动端访问，用户可以根据自己的设备来选择使用，其功能基本相同。

1. 网页端访问

用户可以通过 https://klingai.kuaishou.com/进行注册登录，或者下载"可灵 AI"App。来使用可灵 AI 的功能，可灵 AI 网页版如图 2-27 所示。用户可以通过"AI 图片"和"AI 视频"功能访问可灵 AI 提供的图片生成和视频生成的 AI Agent。

图 2-27　可灵 AI 网页版

2. App 端访问

进入 App 应用市场，并搜索"可灵 AI"即可下载可灵 AI 的 App，可灵 AI App 的界面如图 2-28 所示。

图 2-28 可灵 AI App 的界面

2.6.2 可灵 AI 的特色功能

可灵 AI 专注媒体服务，提供了基础的文生图、AI 试衣、文生视频、图生视频等功能。

1. 视频生成

可灵 AI 最具影响力的功能就是视频功能，可乐同时提供了多个版本的视频生成模型，可灵 1.6：强大的视频生成模型，可以根据文字或一张图片来生成视频；可灵 1.5：上一个版本的视频生成模型，生成效果较好，而且支持控制视频首尾帧，可灵 AI 的首尾帧生成视频功能如图 2-29 所示。

图 2-29　可灵 AI 的首尾帧生成视频功能

2. AI 试衣

可灵 AI 可以让用户上传模特图片及衣服图片，然后自动生成换衣效果的图片，如图 2-30 所示。

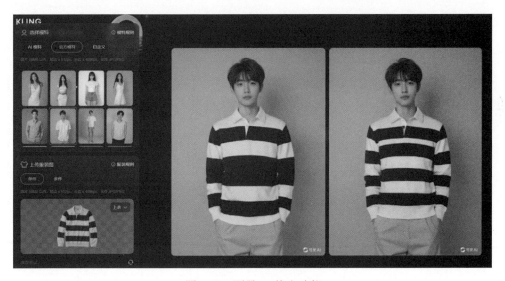

图 2-30　可灵 AI 换衣功能

利用此功能，在上传电商网站的服装图和个人照片后，系统会根据个人身材特征与服装款式进行图像识别与模拟，生成逼真的虚拟试穿效果。这样可以提前查看不同款式、颜色与尺寸的搭配方式，帮助减少不必要的退换货。

2.7　豆包（字节跳动）：个人超级助手

- 产品名：豆包。
- 类型：对话型 AI Agent、图片生成、音乐生成、视频生成。
- 是否提供 AI Agent 开发平台：是。
- 特点：与字节产品深度集成，如抖音。

豆包是由字节跳动开发的一款人工智能产品，让用户可以快速地创建 AI Agent 或使用他人创建的 AI Agent，豆包与字节的其他产品，如抖音有着深度的集成。

2.7.1　访问和使用豆包

访问 https://www.doubao.com/，使用抖音账号登录即可使用豆包。

可以单击"+新对话"功能选项新建一个对话，然后使用自然语言与豆包进行交流，豆包的界面如图 2-31 所示。

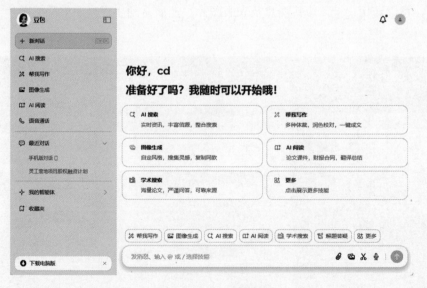

图 2-31　豆包的界面

2.7.2　豆包的特色功能

豆包依托强大的技术能力提供了很多特色功能。

1. 基础 AI Agent 功能

豆包的基础功能如下。

- AI 搜索：通过实时资讯和丰富的信息源，提供整合搜索体验。可快速查找最新新闻动态和研究资料，帮助用户高效完成研究任务。
- 帮我写作：支持多种文体创作，并提供润色校对服务。一键生成高质量文章，适用于写作练习、报告撰写和创意文章，提高写作效率。
- AI 阅读：为需要快速理解和翻译复杂文本的用户设计，提供精准翻译和总结，适用于辅助生成学术论文、课件、财务报告和合同。
- 学术搜索：依托海量论文资源和严谨的问答系统，提供可靠的信息来源，是学术研究和课题探讨的理想助手。
- 解题答疑：通过传图提问，提供校考和职业考试问题的精准解析，帮助用户提升学习效率。
- 数据分析：处理和分析数据，生成精准分析报告和图表，适用于商业决策和学术研究，使数据解读简单直观。
- 翻译：支持多种语言的短文翻译，准确性高，帮助用户轻松跨越语言障碍，实现全球交流。
- 网页摘要：提供网页内容的大纲总结和金句摘录，帮助用户快速抓住要点，提升信息处理效率。

2. 多媒体生成功能

豆包同时支持图像生成及音乐生成功能，特别是其音乐生成功能，当前抖音上的很多配乐都是出自豆包的音乐生成。

- 图像生成：允许用户自定义图像风格，快速创作符合个人需求的图像作品，适用于设计、宣传和创意项目。
- 音乐生成：支持歌词创作和曲风选择，甚至可生成真人演唱效果，适合辅助业余爱好者和专业音乐人进行音乐创作。

3. 特色语音通话

语音通话：支持语音查询，确保用户在工作中不中断，适用用户在开车、运动等场合，通过语音指令获取信息。

2.7.3　使用豆包快速创建 AI Agent

豆包中可以快速创建和使用 AI Agent。

选择 "我的智能体" — "发现智能体"，即可单击 "创建智能体" 开始 AI Agent 的创建，豆包平台创建 AI Agent 的界面如图 2-32 所示。

图 2-32　豆包平台创建 AI Agent 的界面

2.8　ChatU（软积木）：基于混合模型的企业级 AI Agent 平台

- 产品名：ChatU。
- 类型：对话型 AI Agent、工作流、多 AI Agent 交互。
- 是否提供 AI Agent 开发平台：是。
- 特点：集合众多大模型的特点，适合企业部署与快速启动 AI 业务。

ChatU 是软积木旗下的企业 AI Agent 平台，专注于提供多模态、多引擎的企业级 AIGC 解决方案。其核心优势包括稳定的多核 AI、快速接入、无缝兼容、个性化助手、高效管理和数据安全。ChatU 支持多种接入方式，如 SaaS、API 和独立部署，且能够与多种企业应用无缝对接。产品适用于多行业和多场景，帮助企业实现智能化转型。

2.8.1　访问和使用 ChatU

1. 企业访问及使用 ChatU

访问 https://admin.chatu.pro/ 并进行注册，注册后即可访问 ChatU 企业平台，ChatU 的

企业用户界面如图 2-33 所示。

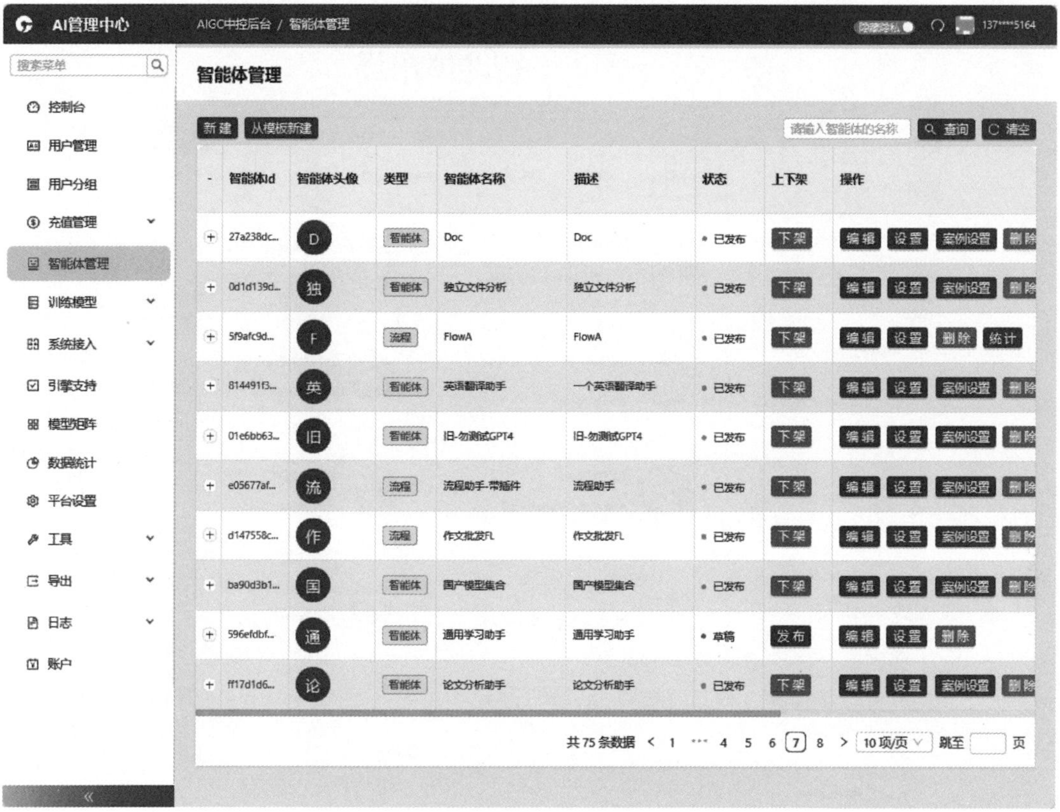

图 2-33　ChatU 企业用户界面

ChatU 企业版提供了用户管理、用户组管理、自定义训练模型、日志管理、数据统计等功能，可以方便企业用户管理 AI Agent 及分配 AI Agent 使用权限以控制成本。

另外企业版的 ChatU 为了方便企业用户进行 AI Agent 开发，为用户提供了方便的知识库创建与管理流程、充值及模型使用成本控制功能、以及可以让企业用户方便的自定义自己的 AI Agent 平台网站。

2. 个人访问及使用

ChatU 的个人用户版面向互联网普通用户，也面向企业版 ChatU 下的企业员工或用户，如果是企业版 ChatU 下的用户，则其功能受企业版 ChatU 权限管理影响。

用户可以访问 https://m.chatu.pro/之后进行注册及登录，即可正常使用 ChatU 个人用户版，ChatU 个人用户界面如图 2-34 所示。用户可以快速通过智能体市场使用其他开发者开发的 AI Agent，或者通过新建对话功能使用企业直接创建的 AI Agent。

图 2-34　ChatU 个人用户界面

2.8.2　ChatU 的特色功能

1. 多模型支持

ChatU 支持 OpenAI、Azure、DeepSeek、Llama、通义千问、豆包、Claude、太初、智谱等多种大模型，如图 2-35 所示。

ChatU 以最具备性价比的形式提供最新最强大的模型，其中包括 DeepSeek-V3、DeepSeek-R1、以及 OpenAI 的 O3 及 O1 系列模型。

2. 企业级管理

ChatU 为企业用户提供了详细的权限和成本控制功能，可以控制用户可以使用哪些模型、AI Agent，也可以控制用户使用的时长或支持消耗的 Token 上限，并可以对上述数据进行统计。通过用户消耗管理功能，企业可以对用户的资源消耗进行精细化管理和监控，从而优化 AI Agent 的使用效率。管理者可以根据企业的具体需求，对模型和功能的使用进行精细规划，确保资源的合理分配和最大化利用。

如图 2-36 所示为 ChatU 中的权限控制功能。

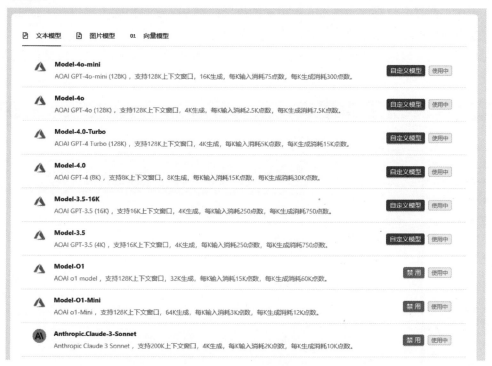

图 2-35 ChatU 的多模型支持

图 2-36 ChatU 的权限控制功能

这种管理方式使企业能够有效控制使用成本，同时确保各部门在使用 AI Agent 时能获得所需的功能支持。借助 ChatU 的用户消耗管理功能，企业能够更好地制定预算、预测资源需求，并在需要时进行调整，从而实现更高的投资回报率。这一功能不仅提升了企业的管理水平，也为用户提供了更高效、更具成本效益的智能化解决方案。

企业用户也可以通过严格的审查机制来控制用户使用公司数据的方式，以确保公司数据不会泄露，如图 2-37 所示。

图 2-37   ChatU 中隐私控制功能

3. 多种 AI Agent 配置

ChatU 支持自定义助手类、工作流、MultiAgent 类的 AI Agent，并且支持多种输出方式，如对接 API、数字人输出、或者可视化输出，这样就极大地方便了企业或者个人快速、批量地处理任务。如图 2-38 所示为 ChatU 的工作流 Agent。

4. 丰富的输出形式

ChatU 除一般的问答界面外还支持可视化输出的"U 视图"模式，可以快速展示用户给定提示词生成的结果，如图 2-39 所示。

除 U 视图外，ChatU 还支持数字人、API、企业微信、飞书等多种集成或展现形式。

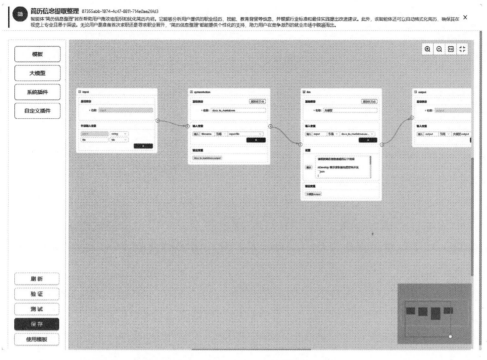

图 2-38　ChatU 的工作流 Agent

图 2-39　ChatU 的 U 视图

2.9   扣子（字节跳动）：支持快速部署的 AI Agent 应用开发平台

- 产品名：扣子（Coze）。
- 类型：对话型 AI Agent、多 Agent 流程、图片生成。
- 是否提供 AI Agent 开发平台：是。
- 特点：企业快速部署快速接入。

扣子（Coze）是一款 AI Agent 应用开发平台，支持用户快速构建基于大模型的 AI 应用。用户无须编程基础即可通过扣子将 AI 应用发布至社交平台，或通过 API 和 SDK 与业务系统集成。扣子提供可视化设计与编排工具，支持零代码或低代码开发，满足个性化需求并实现商业价值。

扣子的核心组件包括智能体和应用。智能体是基于对话的 AI 项目，能够自动调用插件或工作流执行用户指定的业务流程，应用场景包括智能客服、虚拟助手等。应用是具备完整业务逻辑和用户界面的独立 AI 项目，能够根据既定流程完成各种任务，如 AI 搜索和翻译工具等。

选择扣子的优势在于其灵活的工作流设计和无限拓展的能力集。扣子提供可组合的节点和丰富的插件工具，支持用户创建复杂任务的工作流并拓展智能体的能力边界。此外，扣子平台支持自定义插件的创建与发布，允许用户通过参数配置快速开发插件供智能体调用。

扣子还提供丰富的数据管理功能，包括知识库和数据库记忆能力。用户可以将大量数据上传至知识库，供智能体交互使用，同时通过数据库记忆能力持久存储对话中的重要信息，提升智能体的回答准确性。

2.9.1   访问和使用扣子

访问 https://www.coze.cn/ 并进行注册，或者使用抖音、飞书账号可直接登录扣子，扣子界面如图 2-40 所示。

扣子平台可以快速创建一个自定义的 AI Agent，如图 2-41 所示，也可以通过 Agent 市场快速获取其他用户创建的 AI Agent。

图 2-40　扣子界面

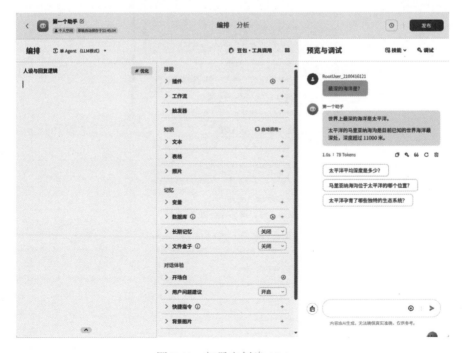

图 2-41　扣子中创建 AI Agent

2.9.2　扣子的特色功能

扣子的一大特色是支持多种 AI 大模型，当然其支持的主流大模型是自家的豆包模型，表 2-1 是扣子支持的模型列表。

表 2-1　扣子支持的模型列表

大模型类型	说　　明
豆包	豆包全系列模型，支持最高 32K 上下文
通义千问	通义千问 Max，支持最高 8K 上下文
智谱	智谱 4，支持最高 128K 上下文
MinMax	Abab6.5，支持最高 245K 上下文
Moonshot	Kimi 系列模型，支持最高 128K 上下文
百川智能	百川 4 模型，支持最高 32K 上下文
幻方	DeepSeek 2.5，支持最高 31K 上下文

用户可以在设置扣子 AI Agent 时选择对应的大模型，以求适配不同的应用场景，如图 2-42 所示。

图 2-42　扣子中的多模型支持

扣子有着良好的插件生态，特别是在与字节其他产品互动方面，扣子有着先天优势，这使得扣子的插件可以覆盖字节的其他产品，例如剪映、即梦、火山引擎等。

2.10　紫东太初：专为企业打造的 AI 应用开发平台

紫东太初大模型由中国科学院自动化研究所与武汉人工智能研究院联合研发，基于国产昇腾 AI 平台构建，采用千亿参数多模态设计，实现国产软硬件与大模型技术的高效适配与自主可控。紫东太初的 AI 应用开发平台面向企业，整合多模态 RAG 能力及超过 1000 个插件，提供新闻搜索、文生图、PPT 生成、特殊图生成、文档解析、长文内容理解、通用文字识别、短语音识别与视觉目标检测等功能，助力构建企业大模型应用。

2.10.1　访问和使用紫东太初

用户可访问网址 https://taichu-web.ia.ac.cn/ 进入平台首页，右上角点击登录按钮后，输入手机号和验证码即可登录进入系统（未注册手机号将自动注册），如图 2-43 所示。

图 2-43　紫东太初首页

2.10.2　紫东太初的特色功能

紫东太初 AI 应用开发平台构建了开放的 AI Agent 生态体系，采用模块化架构和双模式配置系统。基础模式支持可视化拖拽式编排，实现插件间数据流转；高级模式搭载基于 DAG 的工作流引擎，支持条件分支、循环控制与异常捕获。平台开放 SDK 并提供多种测试框架，使私有插件可在 15 分钟内完成开发部署。此外，平台构建了完整的插件生命周期管理体系，从本地开发调试、灰度测试、版本控制到安全审计，各环节均配备自动化工具链。

1. 多模态知识检索增强

大模型训练时，需要获取大量语言模式和信息，但部分场景中所需的最新、最准确信息无法直接从文本中获得。借助结构化且经过验证的知识库，可以弥补这一缺陷，让大模型回答更准确、全面且具可解释性。紫东太初 AI 应用开发平台支持上传本地文档构建专属知识库，依托 OCR、LLM+RAG 等技术，结合知识库检索与大模型生成能力，实现高效 AI 应用构建。知识库产品提供知识问答、文档总结和信息抽取等接口，紫东太初 AI 应用开发平台的知识库如图 2-44 所示，可以实现以下功能。

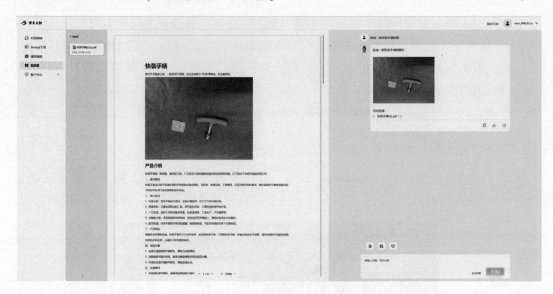

图 2-44   紫东太初的知识库

- 构建知识体系：平台支持文本、图像、表格等多元模态知识入库，单用户可创建 30 个独立知识库，每个知识库可容纳不超过 300 份文档；提供智能文档切分引擎，支持按章节、段落、句子多级粒度进行内容分割，并配备可视化预览界面辅助校验；批量上传功能允许一次性处理数十份文档，显著提升知识库建设效率。
- 知识交互机制：在平台知识管理界面，用户可通过自然语言直接发起查询，输入关键词或完整问句后，系统自动检索关联知识片段，结合大模型生成结构化响应；平台内置智能推荐功能，可自动生成文档关联问题清单，并提供全库内容摘要、来源追溯等辅助工具；针对扫描文档与图片内容，支持基于 OCR 技术的图文混合问答。
- 应用集成架构：知识库能力通过标准化接口开放，提供知识问答、文档摘要、信息抽取三大核心 API；企业用户可将知识服务无缝集成至现有系统，同时支持在平台内直接构建智能体应用；特有的多模态处理能力允许对设计图纸、医疗影像等非文本资料进行解析与推理，拓展了大模型在专业领域的应用边界。

2. 集成 AI Agent 开发

紫东太初 AI 应用开发平台构建了智能体广场，汇聚各场景官方预置 AI Agent，用户可以直接使用或收藏；在创建 AI Agent 时，平台提供一键生成基础配置的功能，涵盖基本信息与能力配置（角色设定、思考路径、个性需求）并支持自定义开场问题；高级配置可精细调整核心模型参数、多模态知识库挂载与外部插件，实现多场景最佳应用效果，如图 2-45 所示，为紫东太初的 AI Agent 编辑界面。

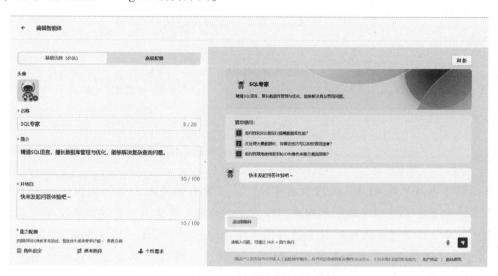

图 2-45　紫东太初编辑智能体界面

另外，当用户创建完成 AI Agent 后，可灵活选择上线或继续调试。若选择上线，用户即可在线体验 AI Agent 的性能，还能创建外部应用，通过外链分享，让其他人也能使用该 AI Agent，实现智能成果的共享与传播。

第3章

用好 AI Agent 的关键——提示词（Prompt）

提示词作为用户与 AI Agent 沟通的关键，其质量直接决定了模型输出的准确性和实用性。本章详细阐述了提示词的基本组成部分，说明精确、具体且结构清晰的提示词能够有效提升交互效率，降低误解风险。对优质与低质提示词进行了对比，通过具体示例说明如何借助 Markdown、Mermaid 等工具表达复杂指令，如何进行任务分解和输出格式控制。进一步讨论了提示词调优的步骤和多种场景化应用的模板，为制定个性化、自定义的提示策略提供了系统化指导。旨在帮助读者掌握提示词设计技巧，从而充分发挥 AI Agent 的潜力。

学习时长：3 小时

3.1 提示词是什么

提示词是用户与 AI Agent 交流的核心方式，通过以精心设计的文本，引导 AI Agent 理解用户的需求并完全按用户预期执行相应的任务。提示词的质量直接影响 AI Agent 的响应准确性和有效性。深入了解提示词的作用、基本构成以及如何编写高质量的提示词，对于优化人机交互体验和提升工作效率具有重要意义。

3.1.1 提示词的作用：与 AI Agent 交流的根本手段

提示词是用户与 AI Agent 交互的核心文本输入。不论是与大型语言模型、图像生成系统，还是视频生成工具进行互动，提示词的主要作用都是向 AI 传达用户的意图和需求。用户可以通过提示词提出问题、请求信息，或指示 AI Agent 执行特定任务。提示词的形式可以是简单的指令，也可以是复杂的问题，这取决于用户的需求和期望的输出。

尽管针对不同的 AI Agent，提示词的内容可能会有所差异，但其基本原理是一致的。AI

Agent 通过解析提示词来理解用户的请求，并据此处理信息。因此，设计有效的提示词对于所有类型的 AI 交互都至关重要。优秀的提示词能够显著提升 AI Agent 的响应质量和效率。通过使用清晰、具体且准确的提示词，用户可以更有效地传达需求，使 AI Agent 更容易理解并准确响应。这不仅减少了误解，避免了模棱两可的表达，还提升了交互体验和结果的可靠性。

3.1.2　提示词的基本构成：工作指令、上下文和输出限定

一个有效的提示词通常包含以下三个关键要素。

- 工作指令/任务描述（Instruction/Task Description）：清晰而具体地描述用户希望 AI 完成的任务，避免模糊或含糊不清的表达。明确指出任务的目的或期望达到的效果，有助于 AI 聚焦于正确的方向。
- 上下文（Context）：提供与主题相关的背景资料、设定特定的场景、角色身份等信息。由于 AI Agent 无法主动记忆之前的对话内容，因此需要在提示词中包含相关的历史消息，以帮助 AI 理解当前对话的进程和主题，确保回复的连贯性和相关性。
- 输出限定（Desired Outcome/Output Format）：说明用户希望 AI 以何种形式或格式提供回复。这可能涉及输出的风格、长度、细节程度、格式要求等。期望明确的输出有助于获得更符合需求的回复。

1. 工作指令

任务部分需要通过清晰、具体地工作指令描述希望 AI Agent 完成的工作。工作指令是提示词的核心，直接影响 AI Agent 理解您的需求并提供相应的回复。

撰写工作指令的要点如下。

- 描述具体：避免使用模糊或笼统的语言，直接指出需要完成的任务。
- 需求明确：强调主要需求或问题，避免引入无关内容。
- 提供必要细节：如果任务复杂，提供步骤、要求或限制条件。

示例：

"请为我们的新产品撰写一段广告词，突出其环保和高效的特点。"

"解释遗传算法的基本原理，并举一个简单的例子。"

2. 上下文

上下文为 AI Agent 提供必要的背景信息，帮助其理解您的需求和问题的背景。由于 AI Agent 在每次交互时都是无状态的，无法自动记忆先前的对话，因此在提示词中提供上下文至关重要。这样可以确保 AI Agent 的回复与之前的内容一致，满足用户的期望。

提供上下文的方法：

- 包含历史消息：引用之前的对话或关键信息，确保 AI Agent 明白对话的连续性。

- 设定角色身份：指定 AI Agent 扮演的角色，使其以特定角度或专业知识回答问题。
- 描述背景信息：提供与任务相关的额外信息，如环境、条件、目的等。

示例：

"在之前的讨论中，我们分析了公司上季度的销售数据。现在，我想了解有哪些策略可以提高下季度的销售额。"

"假设你是一名专业的心理咨询师，我正在经历工作压力带来的焦虑，请给我一些建议。"

3. 输出限定

输出限定可以约定输出格式，帮助 AI Agent 理解用户对回复形式的具体要求，从而提供更符合预期的答案。

指定输出格式的要点如下。

- 语言风格：说明希望使用的语气或风格，如正式、非正式、专业、幽默等。
- 结构要求：指明希望的格式，如段落、列表、表格、代码等。
- 内容深度：指明需要简要概述还是详细解释。
- 特殊要求：如字数限制、避免使用专业术语、突出重点等。

指定期望的输出格式可以帮助 AI 更好地满足您的需求。例如，您可以要求：

- 以简洁的方式回答。
- 提供步骤分明的解决方案。
- 采用正式或非正式的语气。
- 输出特定格式的数据（如表格、列表等）。

示例：

"请用不超过 150 字的文字，简要介绍人工智能的发展历史。"

"以步骤形式列出安装和配置 Python 开发环境的过程。"

"用轻松幽默的口吻，写一篇关于为什么阅读重要性的短文。"

使用 AI Agent 来咨询问题时，如果使用简单的提示词，AI Agent 可能返回的结果并不一定符合要求，如图 3-1 所示。用户其实想以一个整齐的时间线获取事件经过。

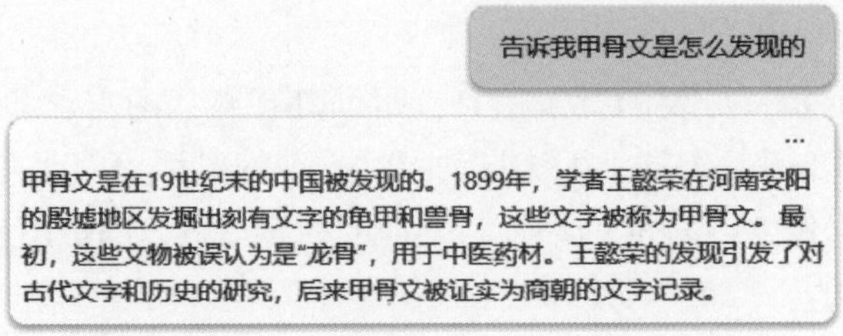

图 3-1　没有限定的返回情况

但使用期望输出格式的描述时，以时间线形式列出关键事件，则 AI Agent 则会按要求输出，如图 3-2 所示。

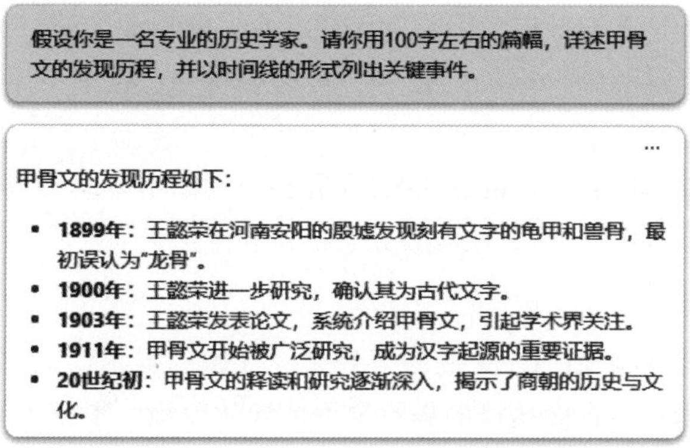

> 假设你是一名专业的历史学家。请你用100字左右的篇幅，详述甲骨文的发现历程，并以时间线的形式列出关键事件。

> 甲骨文的发现历程如下：
> - **1899年**：王懿荣在河南安阳的殷墟发现刻有文字的龟甲和兽骨，最初误认为"龙骨"。
> - **1900年**：王懿荣进一步研究，确认其为古代文字。
> - **1903年**：王懿荣发表论文，系统介绍甲骨文，引起学术界关注。
> - **1911年**：甲骨文开始被广泛研究，成为汉字起源的重要证据。
> - **20世纪初**：甲骨文的释读和研究逐渐深入，揭示了商朝的历史与文化。

图 3-2　使用列表格式的限定

当然，也可以按照其他更复杂的要求，要求 AI Agent 使用表格形式返回结果，如图 3-3 所示。

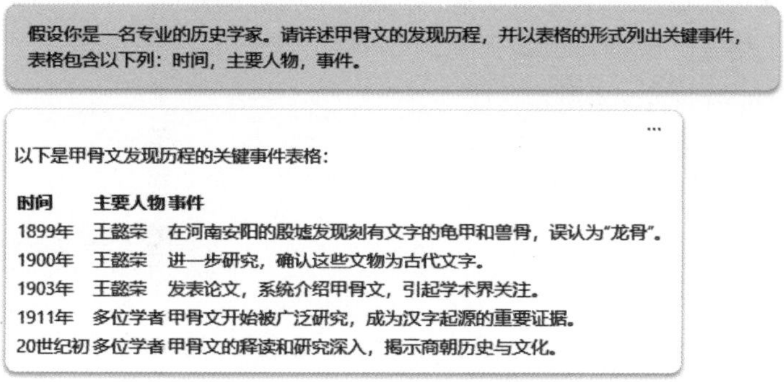

> 假设你是一名专业的历史学家。请详述甲骨文的发现历程，并以表格的形式列出关键事件，表格包含以下列：时间，主要人物，事件。

> 以下是甲骨文发现历程的关键事件表格：

时间	主要人物	事件
1899年	王懿荣	在河南安阳的殷墟发现刻有文字的龟甲和兽骨，误认为"龙骨"。
1900年	王懿荣	进一步研究，确认这些文物为古代文字。
1903年	王懿荣	发表论文，系统介绍甲骨文，引起学术界关注。
1911年	多位学者	甲骨文开始被广泛研究，成为汉字起源的重要证据。
20世纪初	多位学者	甲骨文的释读和研究深入，揭示商朝历史与文化。

图 3-3　使用表格格式的限定

3.1.3　提示词的重要性：天差地别的 AI 反馈

1. 优质提示词的重要性

在与人工智能交互的过程中，提示词的作用就如同给一位司机指路。如果指路不清晰，司机可能会迷路，甚至开到错误的目的地。同样，好的提示词能够引导 AI Agent 准确理解我们的需求，提供符合预期的回答。

试想一下，当用户在请教一位专家时，如果问题含糊不清，对方很难给出有价值的建议。相反，明确具体的问题往往能得到详细而精准的回答。对于 AI Agent 来说，道理也是相通的。精心设计的提示词，不仅能提高 AI Agent 的响应质量，还能大幅提升工作效率，避免反复修改和沟通的时间成本。

此外，好的提示词还能有效避免误解和偏差。在一些专业领域，细微的差别可能导致完全不同的结果。通过提供清晰、准确的指令，可以确保 AI Agent 的回答更可靠，更符合实际需求。

提示词的质量直接影响着 AI Agent 的表现和用户的使用体验。只有重视提示词的编写，才能充分发挥 AI Agent 的潜力，更好地服务于工作和生活。

2. 优劣提示词的对比

提示词的质量直接影响 AI Agent 的回复效果。优秀的提示词能够引导 AI Agent 提供准确、详尽且符合预期的答案；而糟糕的提示词可能导致模糊、不相关或误解的回复。以下通过对比，阐述提示词质量对结果的影响。

差的提示词特点如下。

- 内容模糊：缺乏具体信息，使 AI Agent 无法准确理解需求。
- 缺乏上下文：未提供必要的背景信息，导致回复偏离主题。
- 指令不明确：任务描述含糊，引起 AI Agent 理解偏差。
- 未指定输出格式：缺少对回复形式的要求，导致结果不符合预期。

模糊的提示词示例如图 3-4 所示。

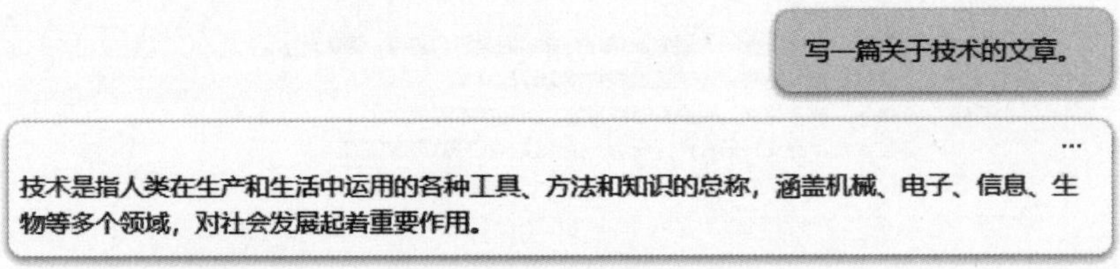

写一篇关于技术的文章。

...

技术是指人类在生产和生活中运用的各种工具、方法和知识的总称，涵盖机械、电子、信息、生物等多个领域，对社会发展起着重要作用。

图 3-4　模糊的提示词

由于提示词过于笼统，未明确主题、范围和期望的输出形式。AI Agent 的回复也因此非常泛泛，未能满足具体需求。

好的提示词特点如下。

- 内容具体：明确指出任务，包含详细信息。
- 提供上下文：加入相关背景，使 AI Agent 理解场景。
- 指令清晰：任务描述明确，避免歧义。
- 指定输出格式：说明期望的回复形式，确保结果符合要求。

详尽清晰的提示词示例如图 3-5 所示。

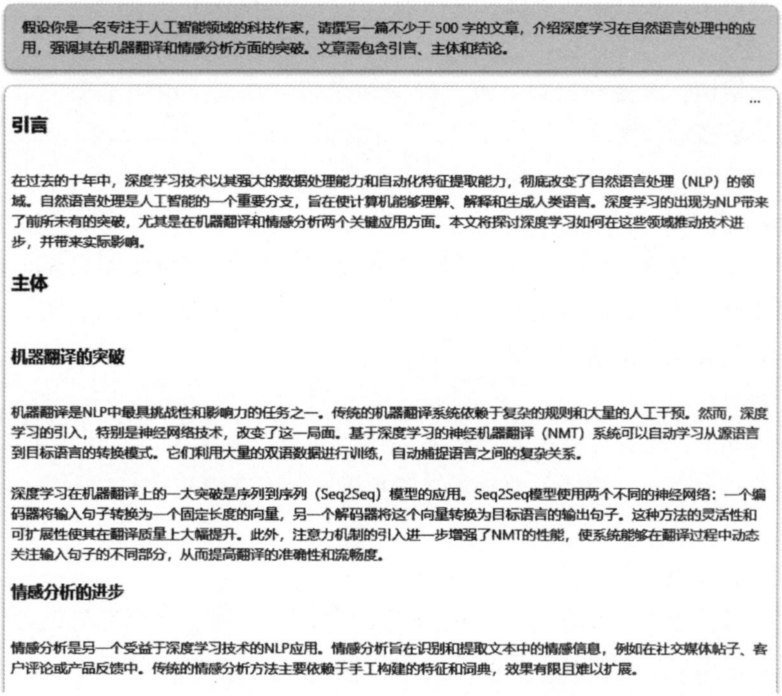

> 假设你是一名专注于人工智能领域的科技作家，请撰写一篇不少于 500 字的文章，介绍深度学习在自然语言处理中的应用，强调其在机器翻译和情感分析方面的突破。文章需包含引言、主体和结论。

引言

在过去的十年中，深度学习技术以其强大的数据处理能力和自动化特征提取能力，彻底改变了自然语言处理（NLP）的领域。自然语言处理是人工智能的一个重要分支，旨在使计算机能够理解、解释和生成人类语言。深度学习的出现为 NLP 带来了前所未有的突破，尤其是在机器翻译和情感分析两个关键应用方面。本文将探讨深度学习如何在这些领域推动技术进步，并带来实际影响。

主体

机器翻译的突破

机器翻译是 NLP 中最具挑战性和影响力的任务之一。传统的机器翻译系统依赖于复杂的规则和大量的人工干预。然而，深度学习的引入，特别是神经网络技术，改变了这一局面。基于深度学习的神经机器翻译（NMT）系统可以自动学习从源语言到目标语言的转换模式。它们利用大量的双语数据进行训练，自动捕捉语言之间的复杂关系。

深度学习在机器翻译上的一大突破是序列到序列（Seq2Seq）模型的应用。Seq2Seq 模型使用两个不同的神经网络：一个编码器将输入句子转换为一个固定长度的向量，另一个解码器将这个向量转换为目标语言的输出句子。这种方法的灵活性和可扩展性使其在翻译质量上大幅提升。此外，注意力机制的引入进一步增强了 NMT 的性能，使系统能够在翻译过程中动态关注输入句子的不同部分，从而提高翻译的准确性和流畅度。

情感分析的进步

情感分析是另一个受益于深度学习技术的 NLP 应用。情感分析旨在识别和提取文本中的情感信息，例如在社交媒体帖子、客户评论或产品反馈中。传统的情感分析方法主要依赖于手工构建的特征和词典，效果有限且难以扩展。

图 3-5　详尽清晰的提示词

该回复内容翔实，结构清晰，严格遵循了提示词的要求，充分体现了优秀提示词的效果。

所以提示词的质量对 AI Agent 的回复效果有着决定性的影响。编写提示词时，应确保内容具体、上下文完整、指令清晰，并明确期望的输出格式。通过提高提示词的质量，可以获得更精准和满意的回复。

3. 优质提示词包含的要素

优质提示词能够有效引导 AI Agent 理解需求，提供准确且高质量的回复。优质提示词通常包含以下要素。

（1）清晰的上下文信息

提供与主题相关的背景介绍、角色设定和历史信息，帮助 AI Agent 理解问题的环境和前提条件。例如，指明 AI Agent 扮演的角色，如"假设你是一名历史学家"，或引用之前的对话内容，使 AI Agent 理解当前任务与之前内容的关联。

（2）明确的任务描述

清晰、具体地说明希望 AI Agent 完成的任务，避免模糊或含糊不清的指令。详细描述具体要求、目标阐述和限制条件，引导 AI Agent 聚焦于正确的方向。例如，"撰写一篇关于人工智能历史的论文，重点描述关键发展阶段，不少于 1000 字"。

（3）详细的输出格式要求

指定回复的结构、风格和格式规范，确保结果符合预期。说明希望的语言风格，如正式、专业、通俗易懂等；要求回复包含引言、主体和结论，或采用列表、步骤等结构；指明长度要求或需要涵盖的细节程度，便于 AI Agent 把握内容的深度和广度。

（4）预期结果的具体描述

列出希望回复中包含的关键点或主题，提供示例或模板，帮助 AI Agent 理解预期的结果形式。强调任何可能引起混淆的地方，确保 AI Agent 准确理解意图。例如，要求突出某些重要观点或避免触及特定话题。

（5）语言精练且无歧义

使用准确的词汇，避免可能引起误解的词语。句子结构清晰，运用规范的语法和句式，避免复杂或冗长的表达。直接明了地指示，避免隐含意义或双重含义的词语，确保 AI Agent 准确把握需求。

（6）必要的创造性指引（视情况而定）

在需要创意的任务中，允许 AI Agent 发挥创造力，但须规定创造性的范围，确保不偏离主题或要求。指出对语言风格、情感倾向等的偏好，如希望语言幽默、生动或严谨，引导 AI Agent 按照预期的风格创作。

3.2　提示词的编写要点

一个提示词是由［上下文］+［工作指令］+［输出限定］三部分组成的，下面先从其核心工作指令着手，看看一个工作指令的核心要点。

3.2.1　工作指令的编写要点

工作指令是提示词的核心，它就是你想让 AI Agent 来"做什么"的语言表述。提供明确的工作指令，有助于模型理解您的期望，从而生成符合需求的内容。

编写工作指令前，编写者应明确自己想要干什么，需要清晰、明确地描述需要 AI Agent 完成的任务或回答的问题，以获得准确、有效的答复。以下是给出提示词工作指令的核心要点。

1. 详尽具体

明确说明您希望模型执行的具体任务，例如解释概念、提供建议、进行分析、翻译等。清晰的任务描述可以帮助模型聚焦于您关心的主题，避免产生偏离主题的回答。

以下列出了一些场景下的指令。

- 解释概念：要求 AI Agent 对特定概念进行阐释，帮助理解复杂的术语或理论。

示例："请解释什么是量子计算。"

- 提供建议：请求 AI Agent 就某个问题或情境提供专业或实用的建议。

示例："我想提高时间管理能力，请给出一些有效的方法。"

- 进行分析：让 AI Agent 对某个现象、数据或案例进行深入分析，提供见解和结论。

示例："请分析近年来电动汽车市场发展的主要驱动因素。"

- 比较对比：要求 AI Agent 比较两个或多个事物的异同，帮助做出决策或加深理解。

示例："请比较 Python 和 Java 在企业级开发中的优缺点。"

- 解决问题：让 AI Agent 针对特定的问题情境，提出可行的解决方案。

示例："如果团队成员出现沟通障碍，应该如何改进？"

通过明确的具体要求，用户可以引导 AI Agent 聚焦于特定任务，提高回答的相关性和实用性。

2. 避免歧义

为了减少误解的可能性，建议在提示词中使用明确的语言，避免使用可能导致混淆的措辞。提供必要的背景信息和定义，可以帮助 AI Agent 准确理解您的需求。

- 使用明确的术语：选择恰当的专业术语或描述性语言，避免模糊的表达。
  - 模糊示例："请谈谈它的作用。"（"它"指代不明）
  - 清晰示例："请说明区块链技术在金融行业的作用。"
- 提供背景信息：如果问题涉及特定的情境或前提，需在提示中说明。
  - 模糊示例："远程教育面临哪些挑战？"（有可能给出的是成人教育或国外教育）
  - 清晰示例："在中国中小学阶段，远程教育面临哪些挑战？"
- 明确范围和限制：指明回答应涵盖的范围，避免过于泛化或偏题。
  - 模糊示例："请根据前面提供的资料，分析这一事件的原因。"（可能会分析的较为泛泛）
  - 清晰示例："请根据前面提供的资料，请仅从财务角度分析这一事件的原因。"
- 避免多重含义的词语：对于可能有多个解释的词语，提供定义或说明。
  - 模糊示例："请列出李密的生平简介。"（这里可能是隋末的李密）
  - 清晰示例："请列出《陈情表》的作者李密的生平简介。"

通过避免歧义，模型能够更准确地理解您的意图，提供更精确的回答。

3.2.2　复杂任务指令的构建策略

在使用 AI Agent 时，一般情况下只能通过文字为 AI Agent 提供指令，而纯文本并无法表达一些特别含义的结构，如段落、流程、分类等，那么此时我们就需要使用 AI Agent 可以理解的文本格式与之进行交流。

1. 利用 Markdown 表达文档大纲层次结构

在构建文档大纲结构的提问过程中，单纯依靠纯文本难以直观传达各级标题之间的层次关系和整体逻辑结构。由于缺乏格式化标记，纯文本无法有效区分主次标题和不同分级，使得整个大纲显得混乱、不够清晰，从而可能影响 AI Agent 对指令中各部分内容的准确解析和理解。为解决这一问题，应采用 Markdown 等格式化方法，以确保文档大纲中各元素及层级关系得以准确、清晰地表达。

例如，有一个结构清晰的 Word 文档，如图 3-6 所示。

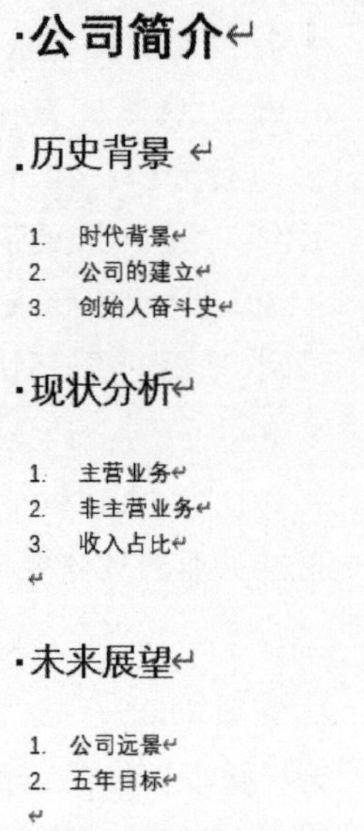

但将内容复制出来准备提交给 AI Agent 时，其结构将会丧失。形成了如下面这样的纯文本内容。

公司简介

历史背景

1. 时代背景

2. 公司的建立

3. 创始人奋斗史

现状分析

1. 主营业务

2. 非主营业务

3. 收入占比

未来展望

1. 公司远景

2. 五年目标

·**公司简介**

.**历史背景**

1. 时代背景
2. 公司的建立
3. 创始人奋斗史

·**现状分析**

1. 主营业务
2. 非主营业务
3. 收入占比

·**未来展望**

1. 公司远景
2. 五年目标

图 3-6　结构清晰的 Word 文档

在这种纯文本格式下，无法直观传达出一级标题与二级标题之间的明确层次关系。当从具有格式的文档中复制大纲内容并提交给 AI Agent 时，原有的结构信息会丢失，导致文本仅呈现出无序的内容。例如，原本清晰分明的"公司简介""历史背景""现状分析"和"未来展望"及其下属各项，在纯文本中变得层次模糊，难以辨别主次。因此，有必要采用一种既能保留文章层次，又能在纯文本中表达结构的方式。利用 Markdown 格式可以实现这一目标：通过"#"和"##"等标记，不仅能够清晰地展示各级标题之间的关系，还能显著提升文本的可读性和理解度，从而让 AI Agent 更准确地解析和执行指令。

当 AI Agent 以纯文本形式接收输入时，采用适当的格式化可以显著提升指令的可读性和理解度。Markdown 是一种广泛使用的轻量级标记语言，能够为纯文本添加格式，使内容结构清晰、层次分明。上述例子，以 Markdown 格式可以写作如下。

公司简介
历史背景
1. 时代背景
2. 公司的建立
3. 创始人奋斗史
现状分析
1. 主营业务
2. 非主营业务
3. 收入占比
未来展望
1. 公司远景
2. 五年目标

在上述示例中，"#"用于表示一级标题，"##"代表二级标题。这正是 Markdown 标记语言的基本用法。利用 Markdown 的标题、列表等语法，可以使文档大纲的层次关系清晰明了，从而便于 AI Agent 准确解析和处理指令。此方法不仅提升文本的可读性和逻辑性，减少歧义，还能突出关键信息，确保重要内容不被遗漏。

以下对 Markdown 的基本语法进行简要说明。

（1）标题
一级标题
##二级标题
###三级标题
（2）列表
-无序列表项第一点
-无序列表项第二点
1. 有序列表项第一点
2. 有序列表项第二点
（3）强调
＊斜体文本＊ 或 _斜体文本_
＊＊加粗文本＊＊ 或 __加粗文本__

（4）代码块

```语言
//代码内容
```

为进一步说明 Markdown 标题语法在文档大纲构建中的实际应用，下面以项目计划书为例，展示如何利用标题标识符清晰表达文档各级结构。该示例直观地将一级标题标记为"#"，以便准确呈现主体内容和层次关系。

当使用如下提示词时：

项目计划书
1. 项目概述
- 项目背景
- 目标和意义
2. 市场分析
- 行业现状
- 竞争对手分析
3. 技术方案
- 系统架构设计
- 数据库设计
4. 实施计划
1. **第一阶段**：需求分析
   - 调研用户需求
   - 编写需求文档
2. **第二阶段**：开发与测试
   - 前端开发
   - 后端开发
   - 系统测试
3. **第三阶段**：上线部署
   - 部署服务器
   - 上线监控

请将以上文档梳理成思维导图。

在用户将此提示词发送给 AI Agent 时，AI Agent 会知道所有标记表达的是几级标题。并给出以下结果。

```
项目计划书
├── 1. 项目概述
│   ├── 项目背景
│   └── 目标和意义
├── 2. 市场分析
│   ├── 行业现状
│   └── 竞争对手分析
├── 3. 技术方案
│   ├── 系统架构设计
│   └── 数据库设计
└── 4. 实施计划
    ├── 第一阶段：需求分析
    │   ├── 调研用户需求
    │   └── 编写需求文档
    ├── 第二阶段：开发与测试
    │   ├── 前端开发
    │   ├── 后端开发
    │   └── 系统测试
    └── 第三阶段：上线部署
        ├── 部署服务器
        └── 上线监控
```

通过使用 Markdown 格式的文本，指令的层次结构与关键信息可以得到清晰呈现，确保 AI Agent 能够准确理解各部分的逻辑关系。这种结构化的表达方式提升了指令的条理性，降低了解析过程中的歧义风险，从而实现复杂任务的高效与精确执行。

2. 流程的表达：Mermaid

描述复杂流程时，单凭自然语言可能生成冗长且层次松散的文本。例如，财务审批流程若以纯文字描述，信息传递易产生歧义且不够直观。

1）员工提交报销申请：流程从员工提交申请开始。

2）判断是否为部门经理：

　○ 是：如果申请人是部门经理，则跳过部门经理审批，直接进入财务审核。

　○ 否：如果申请人不是部门经理，则进入部门经理审批环节。

3）部门经理审批：

　○ 同意：申请进入财务审核环节。

　　　　○ 拒绝：申请被驳回至员工，员工可修改后重新提交或终止申请。

　　4）财务部审核：

　　　　○ 同意：申请进入总经理审批环节。

　　　　○ 拒绝：申请被驳回至员工，员工可修改后重新提交或终止申请。

　　　　○ 异常：如果发现申请有异常（如发票问题、金额错误等），进入异常处理流程，处
　　　　　理后驳回至员工。

　　5）总经理审批：

　　　　○ 同意：申请进入财务报销流程。

　　　　○ 拒绝：申请被驳回至员工，员工可修改后重新提交或终止申请。

　　6）财务部报销：财务部根据审批结果，执行报销操作。

　　7）驳回及重新提交：在任何被驳回的环节，员工都可以根据反馈的信息，修改申请并
重新提交，流程重新开始。

　　该流程展示了公司内部的财务审批过程。单纯采用自然语言描述不仅增加了阅读难度，
也容易使 AI Agent 在解析时产生歧义。因此，应采用格式化文本传达工作流。在实际应用
中，流程图是一种常见的表达方式，而利用 Mermaid 语法可将自然语言提示转化为结构清晰
的流程图，从而确保流程步骤与逻辑关系得到准确呈现。可以通过以下文本来表达上述文字
流程的相同含义。

　　graph TD

　　　　A［员工提交报销申请］--> B｛是否为部门经理?｝

　　　　B --是--> D［直接进入财务审核］

　　　　B --否--> C［部门经理审批］

　　　　C --拒绝--> A1［驳回至员工］

　　　　C --同意--> D［进入财务审核］

　　　　D --> E［财务部审核］

　　　　E --异常--> F［异常处理］

　　　　F --> A1［驳回至员工］

　　　　E --拒绝--> A1

　　　　E --同意--> G［总经理审批］

　　　　G --拒绝--> A1

　　　　G --同意--> H［财务部报销］

　　　　A1 --> A

　　公司审批流程的示意图如图 3-7 所示。想将 Mermaid 格式转为图片，可以使用 Mermaid
在线工具 https://mermaid.live/。

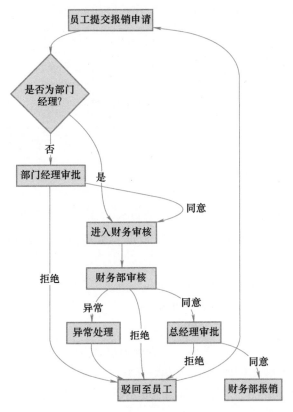

图 3-7 公司审批流程的示例

使用 Mermaid 编写流程图能够直观地展示流程关系。Mermaid 作为一款功能强大的工具，不仅能简洁明了地绘制流程图展示各环节之间的逻辑关系，还支持序列图、类图、状态图、实体关系图、甘特图、用户旅程图、Git 图、时序图、饼图、思维导图等多种图表类型。这些图表广泛应用于系统设计、流程控制、项目管理、数据分析等领域，显示出 Mermaid 在功能性与灵活性上的优势。凭借简明的语法和基于文本的描述方式，用户可以便捷地在文档、博客、Wiki 等平台上构建和维护各类图表，从而提升信息表达与沟通效率。以下内容介绍 Mermaid 流程图中的关键元素。

（1）节点（Node）

节点是 Mermaid 中的关键要素，流程图中的流程、起始、分支均以节点形式展现。节点作为表示具体操作、事件或条件判断的基本单元，通过标注文本来传递关键信息。每个节点不仅描述了当前环节的功能和状态，还通过连线与其他节点形成严谨的逻辑关系，从而构建起完整的业务流程或逻辑结构。

使用一个以字母开头的符号来表示一个节点，如果有对此节点的描述则在此节点后［　］

内来书写。

graph TD

  A［员工提交报销申请］

  X

在此段 Mermaid 代码中，"A［员工提交报销申请］"表示一个名为 A、显示文字是"员工提交报销申请"的节点；"X"则表示一个名为"X"，显示文字也为"X"的节点。

这段代码所呈现效果如图 3-8 所示。

图 3-8　代码的图形表达（1）

（2）节点形状

当希望节点呈现出不同形状以表达不同节点含义时，如执行操作、起止过程和条件判断，Mermaid 提供多种节点形状的定义，便于根据节点具体功能直观区分各环节。常见的节点形状包括：

- 方形：［描述］，例如 A［方形节点］。
- 圆角矩形：（描述），例如 B（圆角矩形节点）。
- 圆形：（（描述）），例如 C（（圆形节点））。
- 菱形/决策节点：{描述}，例如 D{决策节点}。
- 六边形：{{描述}}，例如 E{{六边形节点}}。

不同的括号表示不同的节点形状，Mermaid 示例如下，代码的图形花表达如图 3-9 所示。

图 3-9　代码的图形表达（2）

graph TD

A［方形节点］

B（圆角矩形节点）

C（（圆形节点））

D{决策节点}

E{{六边形节点}}

通过合理选择节点的形状，能使流程图的逻辑结构和层次分明。不同形状的节点帮助区分操作、决策及起终点，从而使复杂流程更加简洁且易于理解。制作图形时，可根据实际需求自定义节点样式，进一步提高图示的专业性与视觉效果。

（3）连线（Edge）

连线是 Mermaid 流程图中连接各个节点的重要组成部分，用于展示节点之间的逻辑关系和流程方向。连线通常使用箭头符号"-->"将一个节点与下一个节点进行连接，从而明确指示流程的走向。

连接节点：使用箭头 -->来连接节点，表示流程的方向。例如：

A --> B

A <--> B

表示从节点 A 流向节点 B。

添加连线描述：可以在连线中添加说明，使用 --描述-->或 -->｜描述｜ 来添加描述。例如：

A --是--> B

A -->｜否｜ C

连线的设置可以体现流程聚合、分支和循环等各种逻辑结构。对于具有双向或循环性质的流程，可以使用双向箭头或设定返回连线，实现流程的闭环表达。这种灵活的连线设置使得复杂流程的描述变得简洁而直观，增强了图示的可读性与逻辑性。

通过合理规划和设置连线，能够使流程图在展示整体结构的同时，清晰传达各节点之间的关系和条件，有效辅助理解整个业务过程或操作步骤。

（4）流程图示例

以下是一个完整的流程图示例。

graph LR

A［开始］--> B｛条件判断｝

B -->｜是｜ C［执行操作］

B--否--> D［结束］

C --> D

在这个示例中：

- graph LR 表示绘图方向是从左到右（Left to Right）。
- 定义了四个节点：A［开始］、B｛条件判断｝、C［执行操作］、D［结束］。
- 使用箭头连接节点，表示流程的走向。
- 在连线中使用了｜是｜和｜否｜来描述条件分支。

最终呈现的流程图如图 3-10 所示。

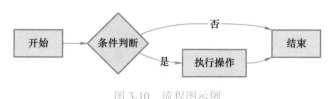

图 3-10 流程图示例

3. 分解任务为步骤

编写提示词时，如果提示词包含的执行流程比较复杂，建议对其进行任务分解。将复杂的任务拆解为具体的步骤，可以提高指令的清晰度，使 AI Agent 能够逐一理解和执行，避免遗漏重要内容。可以按顺序列出执行步骤，每个步骤只包含少量动作。

例如，我们需要写一个作文批改的提示词，如下所示。

全面批改一篇小学作文，指出优点和需要改进的地方，帮助学生提高写作能力。

如果按上面这样写，AI agent 给出的点评和修改可能都比较片面，这种情况下就可以使用分解任务来保证 AI agent 在进行执行时都遵从着统一的步骤。

全面批改一篇小学作文，指出优点和需要改进的地方，帮助学生提高写作能力。

请按以下步骤处理。

1. 阅读并理解作文：全面了解作文内容和主旨。
2. 检查语法和拼写错误：标注并纠正错误。
3. 评估文章结构：分析文章的引言、主体和结论。
4. 评估内容和主题表达：判断内容是否符合题目要求，主题是否明确。
5. 提供改进建议：针对存在的问题，给出具体的改进意见。
6. 总结评价：肯定优点，激励学生。

通过以上的三种输入方式，就可以实现复杂工作指令的输入，让 AI Agent 可以更准确的了解用户输入的需求。

3.2.3 控制提示词的知识范围

控制提示词的知识范围可以通过设定角色、明确背景、限定时间或地点等方式来实现。通过指定 AI Agent 应扮演的角色或所处的情境，可以引导 AI Agent 在特定的知识领域内生成内容，这有助于获取更加精准和相关的信息，避免泛泛而谈或涉及不必要的领域。

例如，可以在提示词中要求 AI Agent "作为一名物理学家，解释一下量子力学中的不确定性原理"，这样 AI Agent 会集中在物理学领域提供专业的回答。或者，限定时间和地点，如 "请描述文艺复兴时期对欧洲艺术发展的影响"，这将引导 AI Agent 专注于特定的历史时期和主题。

通过精心设计提示词，可以有效地控制 AI Agent 的输出，使其更符合预期的需求，提供高质量且相关性强的内容。

1. 设定角色

通常设定角色是调优提示词的入门第一步，也是最容易提高 AI Agent 回复质量的方式。通过明确 AI Agent 的身份或角色，可以有效引导 AI Agent 从特定的角度或专业领域来回答问题。

（1）为什么要设定角色？

- 增强专业性和可靠性：指定角色可以让模型以特定领域的知识和口吻来回答问题，例如医生、律师、教师等，从而提高回答的专业性。
- 控制语气和风格：角色的设定可以影响模型的表达方式，使其更符合预期的语气、风格和措辞。
- 引导思维方式：不同的角色会有不同的思维方式和解决问题的方法，设定角色可以帮助模型从特定视角出发，提供更有价值的回答。

（2）如何设定角色？

- 明确指定角色身份：在提示词的开头直接说明模型的角色，例如："作为一名经验丰富的软件工程师，请解释……"
- 提供角色背景信息：为角色添加背景或特定条件，使其回答更加精准，例如："你是一位专注于人工智能领域的研究员，需要评价……"
- 结合角色的职责或目标：明确角色需要完成的任务或达成的目标，例如："作为学校的校长，请制定一份提高学生心理健康的计划。"
- 示例：
  - 示例1："你是一位营养学家，请给出适合素食者的高蛋白食物建议。"
  - 示例2："作为一名旅行作家，描述一下你在巴黎的独特经历。"
  - 示例3："你是历史课的老师，请解释工业革命对社会的影响。"
- 注意事项：
  - 避免过于模糊：设定的角色应当清晰明确，避免使用泛泛的描述，如"你是一名专家""你是一名学者"等。
  - 保持角色一致性：如果对话持续多轮，需确保 AI Agent 始终以设定的角色进行回答。
  - 结合实际需求：角色的选择应与所提问题或任务密切相关，以达到最佳效果。

通过合理地设定提示词的角色，可以大幅提升与 AI Agent 交互的质量，使其回答更符合预期，满足特定的需求。

2. 明确知识领域

在设定提示词时，明确知识领域能够使 AI Agent 更准确地理解需求，从而提供更精准和专业的回答。即使是相同的角色，所涉足的知识领域也可能存在很大差异。例如，一名专注于金融审计的会计师和一名专注于税务策划的会计师，其专业知识和经验都会有所不同。

要明确知识领域，可以采取以下方法。

- 指定专业方向：在提示词中直接指出所涉及的专业方向或领域。例如，"作为一名专门从事人工智能领域的计算机科学家，解释深度学习的发展趋势。"这样，模型会聚焦于人工智能领域，而非计算机科学的其他分支。

- 引用特定学科或主题：提及具体的学科名称或话题，帮助模型锁定回答范围。例如，"请从生态学的角度讨论生物多样性的意义。"这将引导模型关注生态学领域的相关知识。
- 结合专业术语：使用该领域的专业术语，使模型识别出所需的知识背景。例如，"解释一下在项目管理中，关键路径法（CPM）的应用。"专业术语的使用可以提高回答的专业性。

示例如下。

- 教育领域：通过指定教育领域和教学对象，模型将提供针对性的教学方法建议。
    - "作为一名高中数学教师，如何帮助学生理解微积分的基本概念？"
- 工程领域：明确工程学科和具体的研究方向，回答将更具专业深度。
    - "在机械工程中，材料力学如何影响结构设计？"
- 艺术领域：指定艺术史和印象派绘画，模型会聚焦于艺术领域的讨论。
    - "请分析印象派绘画在艺术史上的影响。"

通过明确知识领域，提示词可以有效地引导 AI Agent 在特定的知识范围内进行信息检索和回答。这不仅提高了回答的专业性和准确性，还能节省时间，避免得到与预期不符的答案。

此外，明确知识领域还有助于：

- 提高回答的深度：聚焦于特定领域，模型可以提供更深入的见解和分析。
- 避免歧义：减少模型对提示词的误解，降低回答偏离主题的可能性。
- 提升专业性：使用专业术语和概念，使回答更加权威和可信。

3. 提供详细的上下文和背景信息

由于 AI Agent 在回答问题时，主要依赖于其在训练过程中学习到的公共信息，对于企业的私有知识、模型训练之后的新知识或企业内部信息并不了解。因此，当你希望 AI Agent 针对特定的企业情况或使用企业内部知识进行回答时，提供详细的上下文和背景信息就显得尤为重要。

（1）为什么需要提供上下文和背景信息？

- 弥补信息缺口：AI 助手无法访问企业的内部文件、专有技术、业务流程或特定项目的细节。通过提供这些信息，可以弥补 AI 助手的知识盲区。
- 提高回答的精准性：详细的背景信息有助于 AI 助手理解你的具体需求，从而提供更贴合实际情况的建议或解决方案。
- 避免误解：缺乏上下文可能导致 AI 助手的回答偏离主题，或者给出不适用的建议。明确的背景信息可以减少这种情况的发生。

（2）如何有效地提供上下文和背景信息？

- 利用企业内部知识库：如果你的企业有内部知识库、文档或资源，可以将相关内容整理并提供给 AI 助手。这些信息可以包括企业文化、产品细节、项目背景、技术规范。
  - 示例："我们的公司是一家专注于可再生能源的科技企业，下面是我们最新太阳能电池技术的参数和设计原理：[插入详细信息]。请根据这些信息，帮助我们撰写一份面向潜在投资者的技术亮点介绍。"
- 直接提供必要的内容：在提问时，直接将与问题相关的内容或数据提供给 AI 助手，使其能够基于这些信息进行分析和回答。
  - 示例："以下是我们最近一次市场调研的结果：[插入数据或摘要]。请根据这些数据分析我们产品在目标市场的潜在表现，并提出相应的营销策略建议。"
- 描述具体的情境和需求：详细说明你的角色、面临的挑战、目标以及任何相关的约束条件。
  - 示例："作为一家初创公司的项目经理，我们正在开发一款针对教育行业的应用程序。目前的挑战是团队沟通不畅，导致进度延误。团队由远程开发人员组成。请基于这个背景，提供改善团队协作的建议。"

注意事项：

- 确保信息完整性：提供的信息应当全面且准确，以便 AI 助手充分理解并给予有效的回答。
- 保护敏感信息：在提供内部信息时，注意避免泄露任何敏感或机密的数据。可以对关键信息进行模糊化处理或使用占位符。
- 结构清晰：以清晰的方式组织和呈现信息，使用项目符号、段落或标题来提高可读性。

明确知识领域可以让 AI Agent 以特定的背景进行内容生成，但是并没有办法控制生成的内容，这些生成的内容需要通过输出格式来进行限定。

3.2.4　限定提示词的输出格式

在编写提示词时，明确限定输出格式可以有效地指导 AI Agent 生成的内容符合预期。这不仅有助于提高回答的质量，还能确保内容的结构清晰、格式统一。

1. 指定输出结构

规定内容的组织形式，如使用列表、表格、段落等，以便读者更容易理解和吸收信息。这些输出内容 AI Agent 默认都会以 Markdown 格式进行编写。在有 Markdown 解析的 AI Agent 平台，则会以可视化形式展现出来。

（1）列表

要求 AI Agent 以项目符号或编号列表的形式列出要点，便于突出重点和逻辑顺序。

示例："请以编号列表的形式列出儒家的代表人物。"

生成结果如图 3-11 所示。

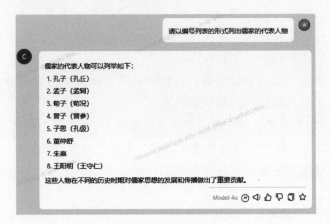

图 3-11　以列表形式返回结果

（2）表格

让 AI Agent 以表格形式呈现信息，方便对比和系统化展示数据。

示例："请以表格的形式列出儒家的代表人物，包括姓名和朝代。"

生成结果如图 3-12 所示。

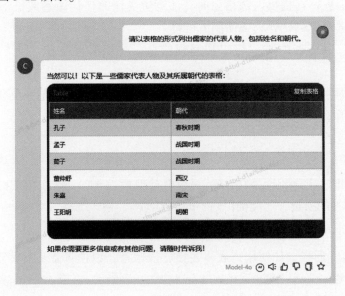

图 3-12　以表格形式返回结果

（3）段落

指明需要按特定的段落结构撰写，如引言、主体、结论等，确保文章层次分明。

示例："请按照引言、主体和结论的结构撰写一篇关于环境保护的文章。"

当有些 AI Agent 默认并非使用 Markdown 形式输出时，则需要进行手动指定，要求 AI Agent 使用 Markdown 语法，支持标题、列表、链接、代码块等。

示例："请用 Markdown 格式编写一份使用指南，包括一级标题、二级标题和代码示例。"

生成结果如图 3-13 所示。

```
1  # 使用指南
2
3  ## 安装步骤
4
5  1. 下载软件。
6  2. 双击安装包。
7
8  ## 代码示例
9
10 ```python
11 print("Hello, World!")
12 ```
```

图 3-13　Markdown 的代码示例

2. 指定输出格式

指定回答应采用的文件格式或标记语言，方便内容在特定环境中使用或进一步处理。

（1）JSON 格式

当需要结构化的数据时，要求 AI Agent 以 JSON 格式输出，便于程序解析和处理。

示例："请以 JSON 格式返回用户信息，包括'姓名'、'年龄'和'邮箱'。"

```
1  {
2    "姓名": "张三",
3    "年龄": 28,
4    "邮箱": "zhangsan@example.com"
5  }
```

图 3-14　JSON 格式返回

生成的内容将会如图 3-14 所示。

（2）XML/YAML 等格式

根据需求，指定其他数据格式，便于在特定系统或应用中使用。

示例："请以 YAML 格式提供配置信息，包括服务器地址和端口。"

```
1  server:
2    address: "192.168.1.1"
3    port: 8080
```

图 3-15　YAML 格式返回

生成的内容如图 3-15 所示结果。

3. 指定写作模型

在写作过程中，其实有很多已经非常成熟的写作方式，例如总分总结构，可以通过直接使用一些标准写作模型或方法，指导 AI Agent 以特定的思路和框架构建回答内容。

（1）常用写作模型

日常生活中常用的写作模型总结如下。

- 总分总结构：要求文章采用总领全文、分述要点、总结提升的结构，常用于论述性文章。

示例："请按照总分总结构撰写一篇关于团队合作重要性的文章。"

- 问题-解决方案模型（Problem-Solution Model）：先阐述问题，然后提供解决方案，适用于分析和解决实际问题的场景。

示例：“请采用问题-解决方案模型，讨论城市交通拥堵的成因及对策。”

- 叙事模型：以时间顺序或事件发展顺序展开，适用于讲述故事或经历。

示例：“请以叙事模型描述一次难忘的旅行经历。”

- 对比模型：通过比较不同事物的异同点，突出特点或优缺点。

示例：“请采用对比模型，分析在线教育与传统教育的区别。”

- 因果分析模型：探讨事物之间的因果关系，解释原因和结果。

示例：“请使用因果分析模型，说明气候变化对全球经济的影响。”

- 分类模型：将主题按照某种标准分类，逐一讨论各类别的特点。

示例：“请按照用途分类介绍不同类型的计算机软件。”

（2）专业写作模型

在专业写作中，使用适当的写作模型可以显著提高文档的结构性和逻辑性。这些模型不仅帮助作者更清晰地表达观点，还能让读者更容易理解和接受信息。以下是一些常用的专业写作模型，每种模型都有其独特的应用场景和优势：

- 金字塔原理（Pyramid Principle）：以结论为先导，随后提供支持性论据和细节。

示例：“请使用金字塔原理撰写一份商业报告，首先给出公司的市场策略结论，然后用数据分析和市场趋势支持这一结论。”

- 5W1H 模型：通过回答“Who, What, Where, When, Why, How”来全面分析问题。

示例：“请使用 5W1H 模型撰写一篇新闻报道，详细回答关于某科技公司在 2023 年发布新产品的所有相关要素。”

- PEEL 模型：用于段落写作，通过“Point（观点）、Evidence（证据）、Explanation（解释）、Link（联系）”的结构帮助构建连贯的论述段落。

示例：“请使用 PEEL 模型撰写一段关于在线教育优势的文章，提出观点并用数据支持，解释其重要性，并将其与教育政策联系起来。”

- SWOT 分析：战略规划工具，通过分析“Strengths, Weaknesses, Opportunities, Threats”来帮助决策。

示例：“请为一家初创企业进行 SWOT 分析，描述其在市场中的优势、劣势、机会和威胁。”

- SMART 目标设定：提供明确的框架，通过“Specific（具体）、Measurable（可衡量）、Achievable（可实现）、Relevant（相关）、Time-bound（有时限）”的标准设定目标。

示例：“请设定一个 SMART 目标，详细描述如何在六个月内提升团队的生产力。”

- AIDA 模型：用于广告和市场营销文案，通过“Attention（注意）、Interest（兴趣）、Desire（渴望）、Action（行动）”的步骤引导读者采取行动。

示例："请使用 AIDA 模型撰写一则产品广告，从吸引注意力开始，激发兴趣和渴望，最后促使消费者采取购买行动。"

- 故事叙述结构：适用于文学作品，通过开端、发展、高潮和结尾的方式构建故事。

示例："请使用故事叙述结构创作一个短篇故事，开头设定场景，发展中加入冲突，达到高潮后圆满解决。"

4. 指定输出标准

除写作模型外，还可以使用一些已经固定成标准的要求作为输出标准，这些要求，只要是 AI Agent 所使用的大模型已经内化的信息，则无须详细给定，只要指定具体要求即可。

示例："为我拟一篇关于月球的文章大纲，参照《GB7713-87》的标准，"

那么 AI Agent 就会以《GB7713-87 科学技术报告、学位论文和学术论文的编写格式》的要求来编写大纲，而不需要用户再进行指定具体要求。

注：因为模型都存在最后更新时间所以此类方法都需要对应的标准不能太新，需要是模型的数据更新前的公开内容。比如 GPT-4o 最新的更新时间是 2023 年 Q4，所以在这同期或之后的内容大模型是不知道的。

总之通过在提示词中清晰地指定格式要求，AI Agent 能够更好地理解您的期望，从而生成符合要求的答复。

5. 通过示例输出

当 AI Agent 总是不能正确理解用户指令给出对应输出时，可以给 AI Agent 一个输出示例，这样 AI Agent 就会学习这个示例来进行返回。示例可以强调特定的格式元素。

- 示例：

请按照以下示例的格式写作：

-问题：什么是机器学习？

-定义：机器学习是人工智能的一个分支。

-英文：Machine learning。

-作用：用于让计算机通过数据学习。

- 指令：

波斯猫

- 回答：

- 问题：什么是波斯猫？

- 定义：波斯猫是一种长毛猫品种，以其独特的扁平脸和优雅的外观而著称。

- 英文：Persian cat。

- 作用：常作为宠物饲养，因其温和的性格和可爱的外表受到人们的喜爱。

通过提供模板或示例，AI Agent 可以更准确地理解并符合预期的回答格式和风格。但是在示例中哪些地方需要替换，哪些地方要保持原文，只是依靠 AI Agent 自己进行处理，所以有时我们要使用模板来进行处理，以保持输出的确定性。

6. 通过模板输出

如果回答的内容只是要求通用格式，则可以使 AI Agent 更容易理解预期的回答风格和结构。这样可以帮助模型准确地模仿所需的格式和内容。

（1）模板的基础使用方式

在提示词中提供格式模板，以期望 AI Agent 给出回答的框架，AI Agent 可以在指定的位置填充内容。

示例：

请按照以下模板创作一篇文章，内容与人工智能相关，具体请自行拟定：

［标题］

［作者］

［正文］

［结论］

示例回答：

标题：人工智能的前景

作者：李四

正文：人工智能正在快速发展……

结论：未来充满无限可能。

（2）模板的高级使用方式

其中［标题］这种为占位符，也可以给出回答的框架，AI Agent 可以在指定的位置填充内容。使用变量（占位符）的方式，可以使模板更灵活，并清晰地指示 AI Agent 需要填充的信息。变量通常用［变量名］、｛变量名｝或<变量名>表示，如以下提示词就是一个更详尽的模板。

请撰写一篇关于｛主题｝的报告，格式如下：

一、报告概述

1. 主题：｛主题｝

2. 目的：｛报告目的｝

二、内容详述

1. 背景介绍：｛背景介绍｝

2. 方法与步骤：｛方法与步骤｝

3. 数据分析：｛数据分析｝

4. 结果讨论：｛结果讨论｝

三、结论与建议

1. 结论：{结论}

2. 建议：{建议}

四、附录

{附录内容}

参考文献：

［1］{参考文献 1}

［2］{参考文献 2}

指令：

主题：生产力发展与教育的关系

在使用以上提示词后，AI Agent 就会按此格式生成一篇关于《生产力发展与教育的关系》的符合模板格式的文章。

（3）占位符用法

占位符在模板设计中用于预留动态替换的文本内容，从而灵活构建可变的输出结构。通过在模板中明确定义占位符，可清晰表示哪些部分在实际应用中需要依据用户输入或具体变量进行替换，这样既保证了输出格式的一致性，又增强了模板的通用性和定制化水平。

例如：

将 {词语} 翻译为英文：

1. {词语的英文}

2. {词语的 CamelStyle 格式的变量}

词语：实际操作

当用户提交指令，AI Agent 将返回以下结果。

1. Practical Operation

2. practical Operation

这样的占位符用法不仅明确了内容替换的规则，还保证了在生成过程中各部分的规范性，使提示模板更易于理解和维护。

说明：CamelStyle 格式是首字母小写不同单词连写的一种格式，通常用于编程中的变量定义，如 whatIsYourName。

7. 指定字数限制

设定回答的字数范围，可以控制内容的长度，确保信息的精炼或详尽程度符合预期，但是字数控制一般只能约定大致范围无法做到精确。

- 最大字数限制：规定回答不能超过的字数。

示例："请将答案控制在 500 字以内。"

- 固定字数：要求模型提供特定字数的回答。

示例："请用大约 300 字解释供应链管理。"

- 字数范围：给出回答应该满足的字数区间。

示例："请用 200 至 250 字描述你的职业目标。"

通过字数限制，AI Agent 可以调整回答的长度，避免过于简短或冗长。

8. 指定采用的语言

明确指定使用的语言，确保 AI Agent 以正确的语言输出，满足不同语言环境下的需求。

通常情况下 AI Agent 会以用户提示词的语言进行返回，例如：

天空为什么是蓝色的？

AI Agent 会使用中文进行回答。

但当使用：

Why is the sky blue?

则 AI Agent 则会以英文回答。

所以当我们的提示词中有中英文混合时，特别是当首句的语言与我们预期想要的语言不符时，我们可以要求其以某种特定语言进行返回：

示例："请用中文回答以下问题。"

示例："Please provide your answer in English."

当然也可以要求 AI Agent 以多种语言提供回答。

示例："请分别用中文和英文解释什么是区块链技术。"

指定语言有助于 AI Agent 以正确的语言和文化背景提供答案。

9. 指定语言风格

规定回答的语气和用词，确保内容符合目标受众的期望和理解水平。语言风格可以包含正式、非正式或技术性通俗性的，或其他语气。

- 使用专业术语：适用于专业领域的读者，要求模型采用行业特定的术语和表达方式。

示例："请使用医学专业术语解释心脏病的形成原因。"

- 通俗易懂的语言：适用于普通读者，要求模型以简单、明了的方式表达复杂概念。

示例："请用通俗易懂的语言解释量子力学的基本概念。"

- 正式语气：用于正式场合，如学术论文、商务报告等，要求语气庄重、用词规范。

示例："请以正式的语气撰写一份市场分析报告。"

- 非正式语气：用于轻松的场合，如博客、社交媒体等，语气可以更随意、亲切。

示例："请以轻松的语气写一篇关于美食体验的博客。"

- 其他语气要求：为生成内容设定语气

示例："请用鼓舞人心的语气写一段激励团队的演讲稿。"

示例："请以客观的语气介绍这两款产品的优缺点。"

通过明确语气和用词，AI Agent 可以调整回答的风格，更好地契合目标受众的需求和偏好。

通常语气风格结合角色设定，就可以针对某一类人群进行内容生成，例如：

你是一位优秀的儿童故事作家，请以温柔语气、简单的词语，编写 3-5 岁儿童的睡前故事。

10. 设定受众及内容深度

设定角色可以让 AI Agent 以什么样的身份或知识范围进行思考，设定受众背景则可以让 AI Agent 以指定的受众能听懂的话进行输出。

设定受众的背景信息可以让 AI Agent 在回答时使用适当的语言水平、专业术语和表达方式，以确保回答内容适合目标受众的理解水平和需求。通过明确指定受众，模型可以调整输出，使其更具针对性和易于理解。根据受众背景，AI Agent 可以调整用词、句式和内容深度，以适应受众的理解能力。

（1）设定受众身份

当您告诉 AI Agent 您的受众是谁，AI Agent 就可以根据受众的知识水平和兴趣调整回答。例如，针对专家、学生、儿童或普通大众，AI Agent 的回答会有不同的深度和专业性。

● 示例 1：

请以通俗易懂的方式向高中生解释什么是黑洞。

AI Agent 可能的回答：

黑洞是宇宙中一种非常特殊的天体，它有着强大的引力，连光都无法逃脱。可以想象成空间中的一个无底洞，任何靠近它的物质都会被吸进去，无法逃脱。

● 示例 2：

以专业的角度撰写一篇关于神经网络算法优化的论文，目标读者是计算机科学领域的研究人员。

AI Agent 可能的回答：

本文深入探讨了神经网络算法的优化方法，重点分析了梯度消失与爆炸问题的解决方案，包括批归一化、残差网络等技术。同时，研究了优化算法如 Adam、RMSProp 对模型收敛速度和精度的影响。

（2）指定详细受众特征

可以在提示中明确受众的年龄、学历、专业背景或兴趣等特征，帮助 AI Agent 更好地调整回答。

示例：

请用简明的语言向小学三年级的学生解释为什么会下雨。

写一篇关于人工智能伦理问题的文章，目标读者是对技术有一定了解的公众人士。

为医疗专业的毕业生提供就业指导建议，内容需包含当前医疗行业的趋势分析。

（3）指定内容深度

- 面向儿童：使用简单的词汇和生动的比喻。

示例：

为什么太阳会发光？请用孩子能够理解的语言解释。

AI Agent 可能的回答：

太阳就像一个巨大的火球，它会燃烧自己，发出明亮的光和热，照亮和温暖着我们的地球。

- 面向专业人士：使用专业术语，深入探讨概念和理论。

示例：

分析量子纠缠在信息传输中的应用，目标读者为物理学专业的研究生。

AI Agent 可能的回答：

量子纠缠作为量子力学的核心现象，在超越经典通信限制的量子信息传输中具有重要作用。本分析涵盖纠缠态的制备、纠缠纯度的维护以及在量子密钥分发中的实现。

- 面向大众：使用通俗的语言，避免过于技术化的内容。

示例：

请解释一下什么是 5G 技术，以及它如何影响我们的日常生活。

AI Agent 可能的回答：

5G 是第五代移动通信技术，它比目前的 4G 网速更快，延迟更低。这意味着我们可以更流畅地观看高清视频，智能设备之间的连接也会更迅速，为无人驾驶和物联网的发展提供了可能。

通过设定受众背景，AI Agent 可以在输出中体现合适的语言风格和内容深度，使回答更符合受众的期望和需求。这有助于提高沟通的有效性和信息传递的准确性。

11. 明确限定或禁止内容

在提示中明确指出需要避免的内容，AI Agent 可以更好地规避不适当的回答。通过明确禁止某些主题、风格或格式，可以确保生成的内容符合预期，并避免违反道德或法律准则。

（1）隐私

为了保护个人隐私和敏感信息，应明确指示 AI Agent 不得泄露任何个人身份信息（PII），包括姓名、地址、电话号码、电子邮件、身份证号码等。在编写案例或示例时，避免使用真实的个人信息，使用虚构的名称或通用的代称。

当然 AI Agent 可能会提供其他功能来禁止个人信息的输出，但这里仅讨论通过提示词来对其进行控制。

示例：

请撰写一篇关于数据安全的文章，使用知识库中的内容，但不要提及任何个人隐私信息。

在回答中，请避免使用任何可能识别个人身份的细节。

编写案例时，请使用如"小明""某公司"等通用称谓，避免使用真实姓名。

（2）冗余内容

为提高回答的简洁性和有效性，可以要求 AI Agent 避免重复、冗长或与主题无关的内容。明确要求 AI Agent 直接切入主题，提供具体而精炼的回答。

示例：

请直接回答以下问题，避免任何与主题无关的冗余信息。

在总结时，请不要重复前面已经提到的内容。

请提供简明扼要的解释，每个要点不超过两句话。

（3）允许或禁止内容

如果希望 AI Agent 避免使用特定的格式或表现形式，可以在提示中明确指出。例如，禁止使用口语化表达、避免使用特定符号、表情符号或特定的排版格式。

示例：

请用正式的书面语回答，避免使用口语和俚语。

在回答中，不要使用表情符号、特殊字符或非正式的缩写。

请将答案组织成连续的段落，不要使用项目符号或编号列表。

回答时，请避免使用第一人称，用第三人称来陈述观点。

直接返回代码，而不要使用 Markdown 语法。

只讨论财务相关问题。

通过在提示中明确禁止特定的内容和格式，AI Agent 可以更准确地理解用户的要求，避免生成不恰当或不符合预期的回答。这不仅有助于保护隐私，避免冗余，还能确保输出内容符合规范和专业标准。

3.3　提示词的调优五步法

在与 AI Agent 交互时，精心设计的提示词可以显著提高 AI Agent 生成内容的质量和准确性。以下是提示词调优的五个关键步骤，通过遵循这些步骤，用户可以编写出有效的提示词，引导 AI Agent 生成符合预期的回答。

提示词结构公式如下。

[任务详情]+[输出格式]+[示例]+[注意事项]

3.3.1　总体要求

使用清晰、具体的语言。避免不必要的指令或平淡的陈述。

要求在给出结论之前进行推理，鼓励在得出任何结论之前进行推理步骤。结论、分类或结果应始终最后出现。

如果可以在提示词中提供固定的值，就不要给模糊的值或变量。

示例：

生成一个单独的 HTML 单词记忆卡片，使用中文标签，并通过可用的 CDN 来美化界面。确保单词解释、记忆故事和例句均为英文。图片应作为背景显示，最大尺寸为 300×200。

3.3.2　任务详情

任务详情包含前面所说的，角色、上下文及指令，一般任务详情包含以下内容：

- 简明的任务说明：在提示的第一行，用一句简洁的话描述任务。
- 附加细节：提供任务的额外细节和必要的信息。
- 可选的分步说明：使用标题或项目符号列出完成任务的详细步骤。

示例：

生成一个单独的 HTML 单词记忆卡片，使用中文标签，并通过可用的 CDN 来美化界面。确保单词解释、记忆故事和例句均为英文。图片应作为背景显示，最大尺寸为 300×200。

步骤

1. **分解单词**：将单词分解为词根。
2. **生成联想**：为每个词根生成联想。
3. **创建故事**：使用生成的联想来开发一个生动的故事。
4. **设计 HTML 卡片**：制作包含单词、词根、故事及视觉表示的 HTML 卡片。
5. **输出卡片**：显示完整的单词记忆卡片。

3.3.3　输出格式

一般情况：使用 Markdown 特性提高可读性。除非特别要求，否则不要使用代码块。

其他格式要求：明确指出输出的具体格式，包括长度和语法（如短句、段落、JSON 等），以及对这些格式的要求。

清晰地标明示例的开始和结束，以及输入和输出。

如果示例比实际预期的要短，使用括号解释真实示例应如何更长/更短/不同，并使用占位符。

示例：

生成一个单独的 HTML 单词记忆卡片，使用中文标签，并通过可用的 CDN 来美化界面。确保单词解释、记忆故事和例句均为英文。图片应作为背景显示，最大尺寸为 300×200。

输出格式
输出应为一个单独的 HTML 结构，包括：
- 单词及其翻译
- 单词解释（英文）
- 一句话记忆故事（英文）
- 使用背景图片的视觉表示，图像 URL 为 `https://pu1. chatu. plus/image/ ${keyword}/ 300-200. jpg`
- 示例句子（英文）

3.3.4　示例

如有必要可使用占位符［在括号中］表示复杂元素。

3.3.5　注意事项

包括边界情况、细节，并强调或重复特定重要的考虑事项。
例如：
注意事项
- 将占位符如 `［keyword］`、`［单词］`、`［翻译］`、`［Root explanations in English］`、`［One-sentence story in English］`、和 `［Example sentence in English］` 替换为实际内容。
- 确保所有元素都包含在单个 HTML 文件中，并遵循清晰的视觉层次结构。
- 使用 CDN 来加载字体或其他资源以提升视觉效果。
注意事项：
- 只讨论与 Vue 3. 0 和 Vite 相关的话题。
- 遵循提供的输出格式。
- 保持解释简洁明了，避免不必要的复杂性。
- 用^ Markdown 格式引述来源。

3.3.6　按照调优五步法生成新的提示词

下面通过一个示例来说明如何使用前面提到的五步法来对提示词进行优化。
假设我们的原来的任务是：用户输入任意单词，生成一个单词内容包含单词、音标、英文释义、中文释义、例句。
示例提示词：

Cat

示例输出：

单词：cat

音标：/kæt/

英文释义：A small domesticated carnivorous mammal with soft fur, a short snout, and retractable claws, often kept as a pet or for catching mice.

中文释义：猫，一种小型驯化的肉食性哺乳动物，具有柔软的毛发、短鼻和可收回的爪子，常作为宠物或捕鼠。

例句：My cat loves to play with string and chase after toys.

现在尝试使用五步法来构造输出上述内容的提示词。

（1）梳理总体要求

生成一个包含单词、音标、英文释义、中文释义和例句的词条。

（2）任务详情或步骤

步骤

1. **单词识别**：提取用户输入的单词。

2. **音标查找**：检索该单词的标准音标。

3. **英文释义**：查找该单词的常用英文释义。

4. **中文释义**：提供该单词的中文翻译或解释。

5. **例句构建**：使用该单词在一个完整的英文句子中，并提供对应的中文翻译。

（3）构造输出格式

可以按模板方式构造输出格式。

输出格式

请按照以下格式输出：

- 单词：[单词]

- 音标：[音标]

- 英文释义：[英文释义]

- 中文释义：[中文释义]

- 例句：[例句]

（4）构造示例

示例

输入：cat

输出：

- 单词：cat

- 音标：/kæt/

- 英文释义：A small domesticated carnivorous mammal with soft fur, a short snout, and retractable claws, often kept as a pet or for catching mice.

- 中文释义：猫，一种小型驯化的肉食性哺乳动物，具有柔软的毛发、短鼻和可收回的爪子，常作为宠物或捕鼠。

- 例句：My cat loves to play with string and chase after toys.

（5）创建注意事项

注意事项

- 确保音标准确无误，以帮助用户正确发音。

- 英文释义应尽量简洁明了，但要全面覆盖单词的主要意义。

-中文释义应清晰易懂，准确传达英文释义的内容。

-例句应自然流畅，展示单词的典型用法，并提供合适的中文翻译。

-遇到多义词时，选择最常用的释义进行描述。

这样就可以根据要求形成一个提示词，这样在每次使用时就可以使用此提示词+单词，或通过将此提示词设置为系统提示词或 Instructions。以便仅使用单词的情况下就可以生成内容。

3.4　设计有效提示词

3.4.1　使用角色扮演

使用角色扮演技巧可以调整 AI Agent 回答的专业性、风格、情境、情感和视角，使生成内容更贴合用户需求，提升互动体验和内容质量。

- 单种技能的专家：让 AI Agent 扮演某一特定领域的专家，例如量子物理学家、法国美食厨师或古典音乐指挥家。这样可以确保回答内容专业、深入，满足用户对特定专业知识的需求。

示例："作为一名量子物理学专家，我可以为您解释量子纠缠和薛定谔方程的原理。"

- 多种技能的专家：AI Agent 扮演具备多领域知识的专家，例如同时精通建筑设计和环境艺术的建筑师，能够提供更加综合和全面的建议。

示例："作为一名建筑设计和环境艺术专家，我建议在设计中融合自然元素，以创造可持续发展的空间。"

- 限定专家的知识范围：通过明确限制 AI Agent 的知识领域，避免其提供超出专业范围的回答，提高内容的准确性和可靠性。

示例："作为一名专注于欧洲中世纪文学的学者，我可以为您解析《神曲》的文学价值和历史背景。"

- 特定风格的作家或艺术家：让 AI Agent 模仿某位著名作家的写作风格或艺术家的表达方式，增加生成内容的独特性和艺术性。

示例："以海明威的风格写一段关于海洋冒险的描述。"

- 特定文化背景的角色：AI Agent 扮演来自特定文化、地域或民族背景的人物，提供具有文化特色和视角的回答。

示例："作为一位印度瑜伽导师，我可以向您介绍瑜伽的基本体式和冥想方法。"

- 不同年龄段的角色：让 AI Agent 扮演不同年龄的人，如儿童、青年、老年人，适应不同的语气和理解水平，满足特定受众的需求。

示例："作为一名高中生，我可以告诉你为什么我喜欢学习编程。"

- 特定情境下的角色：在特定情境中扮演角色，例如在国际商务谈判中的贸易代表，提供情境化和实用性的建议。

示例："作为一名国际贸易顾问，我建议在谈判中关注双方的共同利益，寻找双赢的解决方案。"

- 时间背景的角色：让 AI Agent 扮演来自过去或未来的角色，从不同的时间视角提供信息，提高内容的创意性和趣味性。

示例："作为一位 19 世纪的探险家，我可以与你分享关于非洲内陆探险的经历。"

- 特定心态或情感的角色：指定 AI Agent 以某种心态或情感状态回答，如乐观主义者、悲观主义者、怀疑论者，丰富回复的情感层次。

示例："作为一个乐观主义者，我相信每次挑战都会带来新的机遇。"

- 扮演具体人物：让 AI Agent 扮演具体人物或职位，以这些人物的视角和思想来回答问题，提供独特的见解。

示例："作为明代的哲学家王阳明，我认为知行合一是实现道德修养的关键，只有将所学付诸实践，才能真正领悟人生的真谛。"

- 假想生物或虚拟人物：让 AI Agent 扮演虚构的生物或人物，如魔法师、机器人，激发创造性思维，生成具有想象力的内容。

示例："作为一名来自星际的太空探险家，我可以向你讲述未知星系的奇异风景。"

3.4.2　使用提示词框架

除五步法之外，还有很多其他的提示词框架，可以应用不同场景下。

1. ICIO 框架

ICIO 框架适合需要详细、结构化回答的复杂任务。

其核心要素包含：

- Identity（身份）：确定 AI Agent 应扮演的角色或身份。
- Context（上下文）：提供必要的背景信息或情境。
- Instruction（指令）：清晰地描述您需要 AI Agent 完成的任务或回答的问题。
- Output（输出）：指定期望的回答格式、风格或细节程度。

示例：

Identity（身份）：你是一位历史学家。

Context（上下文）：我们正在讨论二战的影响。

Instruction（指令）：请解释二战对全球政治格局的影响。

Output（输出）：用简洁明了的语言回答，长度约为 200 字。

适用场景：

- 新手用户或需要结构化提示时：当您对如何向 AI Agent 提问不确定时，ICIO 框架提供了一个清晰的结构，帮助您逐步构建提示。
- 需要详细回答的情况：当您希望获得模型深入、全面的回答时，明确身份、上下文和指令有助于 AI Agent 理解您的期望。
- 复杂任务：对于涉及多个因素或需要 AI Agent 扮演特定角色的任务，例如撰写专业报告、进行深入分析等。

优势：

- 提供了清晰的结构，确保所有必要信息都包含在提示中。
- 有助于模型更准确地理解您的需求，从而提供更相关的回答。

2. PROMPT 框架

PROMPT 框架适合需要高度定制化输出的任务，特别是在特定专业领域或创意写作中。其核心要素包含：

- Purpose（目的）：明确您希望 AI Agent 实现的目标。
- Role（角色）：设定 AI Agent 的身份或专业领域。
- Output（输出）：指定答案的格式或风格。
- Materials（材料）：提供必要的数据、信息或参考资料。
- Parameters（参数）：设定任何限制条件或特定要求。
- Tone（语气）：指定回答的语气，如正式、友好、幽默等。

示例：

Purpose（目的）：撰写一篇营销文案。

Role（角色）：你是一位资深文案撰写人。

Output（输出）：文案长度不超过 150 字，突出产品优势。

Materials（材料）：产品为新型环保水瓶，保温性能优越。

Parameters（参数）：面向年轻职场人士。

Tone（语气）：积极、鼓舞人心。

适用场景：

- 需要定制化输出时：当您对答案的格式、风格、语气等有特定要求时，PROMPT 框架允许您详细指定这些参数。
- 专业领域任务：当任务涉及特定专业知识，如医疗、法律、工程等，通过设定角色，AI Agent 可以更贴近专业领域。
- 创意写作和内容生成：对于广告文案、文章撰写、故事创作等需要创意输出的任务

优势：

- 灵活性高，可调整多个参数以定制输出。
- 适用于广泛的任务类型，从信息回答到创意写作。

3. CREAM 框架

CREAM 框架适合需要具体建议、行动计划和衡量标准的问题解决场景。

其核心要素包含：

- Context（背景）：描述问题的背景或现状。
- Requirement（需求）：明确需要解决的问题或回答的具体内容。
- Examples（示例）：提供示例以帮助 AI Agent 理解您的期望。
- Action（行动）：指定 AI Agent 需要执行的操作。
- Metric（衡量标准）：设定评估答案质量的标准或期望。

示例：

Context（背景）：公司员工缺乏团队合作意识。

Requirement（需求）：需要一些提高团队凝聚力的建议。

Examples（示例）：如团队建设活动、合作项目等。

Action（行动）：列出 5 条可行的措施。

Metric（衡量标准）：措施应具备可实施性和创新性。

适用场景：

- 问题解决和建议：当您需要 AI Agent 提供方案、建议或解决问题的步骤时，CREAM 框架帮助明确需求。
- 需要示例和具体措施的情况：如果希望 AI Agent 提供具体的例子或行动计划，CREAM 框架的 "Examples" 和 "Action" 部分非常有用。
- 评估和改进：用于寻求对现有策略、计划或想法的改进建议，并设定衡量标准来评估回答质量。

优势：

- 引导 AI Agent 提供具体、可实施的建议或解决方案。
- 包含衡量标准，确保回答符合您的期望和质量要求。

4. SMART 框架

适合目标设定、规划和需要考虑可行性与时限的任务。

其核心要素包含：

- Specific（具体）：明确具体的问题或任务。
- Measurable（可测量）：设定可以衡量的目标或结果。
- Achievable（可实现）：确保任务在 AI Agent 能力范围内。
- Relevant（相关）：与用户的需求或目标密切相关。
- Time-bound（有时限的）：如果适用，设定时间框架。

示例：

Specific（具体）：提供提高工作效率的建议。

Measurable（可测量）：希望效率提升 20%。

Achievable（可实现）：措施应切实可行。

Relevant（相关）：针对软件开发团队。

Time-bound（有时限的）：在未来一个月内实施。

适用场景：

- 目标设定和规划：当您需要设定明确的目标、制定计划或寻找实现目标的方法时，SMART 框架非常适合。
- 项目管理和效率提升：用于制定项目目标、提高团队效率或个人生产力的建议。
- 需要考虑可行性和时间限制的任务：例如，制定在特定期限内完成的可实现目标。

优势：

- 强调具体性和可测量性，确保回答具有实用价值。
- 考虑可行性和相关性，使建议更具现实意义。

5. CAR 框架

适合描述经验、案例分析和需要逻辑清晰的报告或回答。

其核心要素包含：

- Challenge（挑战）：描述需要解决的问题或挑战。
- Action（行动）：指定希望 AI Agent 采取的行动或提供的解决方案。
- Result（结果）：期望达到的结果或输出。

示例：

Challenge（挑战）：客户满意度下降。

Action（行动）：分析可能的原因并提出改进建议。

Result（结果）：提供一份包含原因分析和建议的报告。

适用场景：

- 行为面试和经验分享：在描述过去的经历或案例分析时，CAR 框架帮助结构化地展示挑战、采取的行动和结果。
- 问题分析和解决方案：用于概述问题、提出解决方案并展示预期结果。
- 案例研究和报告撰写：在需要整理信息以报告形式呈现时，该框架提供了清晰的结构。

优势：

- 简洁明了地呈现关键信息，突出逻辑关系。
- 有助于 AI Agent 聚焦于问题的核心，提供有效的解决方案。

6. TAP 框架

TAP 框架代表 Task（任务）、Audience（受众）和 Purpose（目的）。该框架用于在提示中明确 AI Agent 需要完成的具体任务、目标受众以及任务的目的，帮助生成更符合预期的回答。

其核心要素包含：

- Task（任务）：需要 AI Agent 完成的具体工作或生成的内容。
- Audience（受众）：内容的目标读者或听众。
- Purpose（目的）：希望达到的目标或效果。

示例：

Task（任务）：撰写一篇关于健康饮食的文章。

Audience（受众）：年轻的上班族。

Purpose（目的）：提高他们对健康饮食重要性的认识，并提供实用建议。

适用场景：

- 内容创作：需要生成针对特定受众的文章、演讲稿或广告文案。
- 教育和培训：设计教学材料或解释复杂概念。
- 问题解决：寻求针对特定目标的解决方案或建议。

优势：

- 明确性：清晰定义任务，有助于模型准确理解需求。
- 定制化：针对特定受众和目的，生成更相关的内容。
- 高效性：减少不必要的信息，直击重点。

7. 5W1H 框架

5W1H 框架通过回答 Who（谁）、What（什么）、When（何时）、Where（何地）、Why

（为什么）和 How（如何），为 AI Agent 提供全面的背景信息，帮助其生成更完整和详细的回答。

其核心要素包含：

- Who（谁）：涉及的人员或角色。
- What（什么）：事件、任务或主题。
- When（何时）：时间背景或期限。
- Where（何地）：地点或环境。
- Why（为什么）：原因、动机或目的。
- How（如何）：实现方式、过程或步骤。

示例：

Who（谁）：一群环保志愿者。

What（什么）：举办了一次海滩清洁活动。

When（何时）：上个月的第一个周末。

Where（何地）：加州的圣塔莫尼卡海滩。

Why（为什么）：提高公众对海洋污染的认识，保护海洋生态。

How（如何）：组织社区成员参与，提供清洁工具和安全指导。

适用场景：

- 故事创作：提供情节要素，协助生成完整的故事。
- 事件描述：要求详细报道或解释特定事件。
- 计划制定：需要制定详细的计划或方案。

优势：

- 全面性：涵盖所有关键要素，确保信息完整。
- 结构化：清晰的结构有助于 AI Agent 有序地组织信息。
- 灵活性：适用于各种类型的任务和内容生成。

8. RAFT 框架

RAFT 框架代表 Role（角色）、Audience（受众）、Format（格式）和 Topic（主题）。该框架帮助明确 AI Agent 的身份、目标受众、输出格式和主题，使生成的内容更具针对性和实用性。

其核心要素包含：

- Role（角色）：AI Agent 需要扮演的身份或职位。
- Audience（受众）：内容的目标读者或对象。
- Format（格式）：期望的输出形式，如文章、信件、对话等。
- Topic（主题）：需要讨论或呈现的主题。

示例：

Role（角色）：你是一位营养学家。

Audience（受众）：关注健康的家庭主妇。

Format（格式）：撰写一封建议信。

Topic（主题）：如何为家人准备均衡营养的每日餐点。

适用场景：

- 角色扮演：需要 AI Agent 以特定身份回答问题或提供建议。
- 格式指定：希望输出特定格式的内容，如信件、报告等。
- 主题聚焦：需要深入探讨特定主题。

优势：

- 定制化：AI Agent 以指定的角色和格式生成内容。
- 清晰指引：明确的要素指导，减少歧义。
- 适用性强：适用于各种内容创作和任务指令。

3.4.3　使用工具优化提示词

当然也有很多情况，可以使用提示词优化工具来进行提示词优化改进提示词的质量和效果。这些工具能够分析提示词，提供改进建议，使其更清晰、准确，从而获得更理想的回答。

1. 使用提示词优化提示词

使用 OpenAI 提供的 Meta Prompt 对提示词进行优化，能够显著增强提示信息的表达精准度和内容完整性。该方法通过引入预设模板，对原始提示词进行二次校正，使其在传达任务要求、约束条件和具体细节方面更为明确。借助 Meta Prompt，提示词不仅具备更高的指令性，同时也提升了模型输出的准确性和一致性，从而更好地满足交互场景中的应用需求。OpenAI 提供的 Meta Prompt 提示词内容参见随书配套资源。使用此提示词就可以将某一任务进行提示词优化。

2. 使用平台自带的工具优化提示词

部分平台内置提示词优化工具，通过自动分析用户输入，对提示词的语言、逻辑和细节进行调整。这些工具能够识别表达中不够准确之处，并提供针对性改进建议，使提示内容更符合指令要求。借助该功能，生成结果在一致性和准确性上均得以提升，从而更好地满足复杂任务的应用需求。例如 ChatU 的系统设定优化功能（如图 3-16 所示），以及扣子（Coze）中的提示词的优化功能，在 Coze 的编辑智能体的界面中单击"优化"即可优化系统提示词（如图 3-17 所示）。

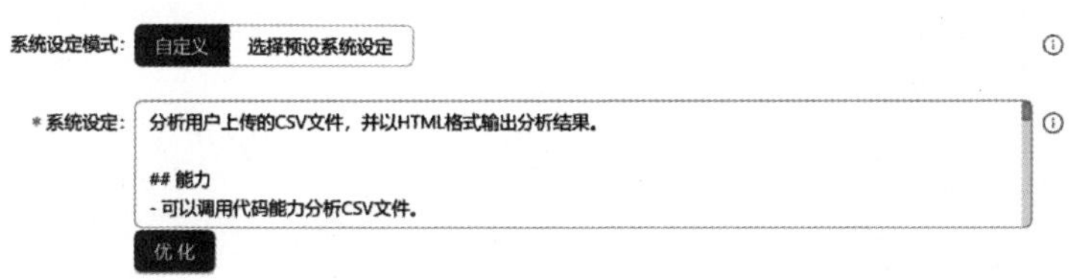

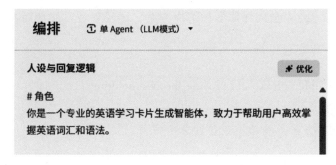

图 3-16　ChatU 中的提示词自动优化功能

图 3-17　扣子（Coze）中的提示词自动优化功能

3.4.4　使用魔法语句

"魔法 Prompt" 是指在原有的提示（Prompt）上添加特定的引导句，从而显著提升 AI Agent 的回答效果。这些引导句能够促使 AI Agent 进行更深入的思考、更详细的解释，或者以特定的方式组织答案。

1. "让我们一步一步地思考。"

该提示词促使 AI Agent 分步分析问题，确保推理过程逻辑严谨，避免直接给出简单答案。

英文提示词：

"Let's think step by step."

中文提示词：

"让我们一步一步地思考。"

示例：

为什么天空是蓝色的？让我们一步一步地思考。

2. "请详细解释您的答案。"

该提示词引导模型展开全面解析，提供详细说明，从而避免简单或概括性回答。

英文提示词：

" Please explain your answer in detail. "

中文提示词：

"请详细解释您的答案。"

示例：

什么是量子力学？请详细解释您的答案。

3. "考虑所有可能的方案，并给出最佳的解决方法。"

该提示词要求 AI Agent 全面评估多种解决方案，比较各方案优势后选取最优方案，从而提升答案的全面性。

英文提示词：

" Consider all possible options and provide the best solution. "

中文提示词：

"考虑所有可能的方案，并给出最佳的解决方法。"

示例：

如何减少城市交通拥堵？考虑所有可能的方案，并给出最佳的解决方法。

4. "从多个角度分析这个问题。"

该提示词促使 AI Agent 从不同视角审视问题，丰富回答内容，确保分析不局限于单一角度。

英文提示词：

" Analyze this problem from multiple perspectives. "

中文提示词：

"从多个角度分析这个问题。"

示例：

远程办公的利弊是什么？从多个角度分析这个问题。

5. "请提供一个包含背景信息的完整答案。"

该提示词要求 AI Agent 在回答中补充相关背景资料，增强说明的深度和连贯性，提升理解效果。

英文提示词：

" Please provide a complete answer with background information. "

中文提示词：

"请提供一个包含背景信息的完整答案。"

示例：

解释罗马帝国的衰亡。请提供一个包含背景信息的完整答案。

6. "引用相关的例子和案例。"

该提示词鼓励 AI Agent 使用实际案例和具体示例以支持论述，使回答更具说服力和现实参考价值。

英文提示词：

"Include relevant examples and case studies."

中文提示词：

"引用相关的例子和案例。"

示例：

可再生能源的重要性是什么？引用相关的例子和案例。

7. "请给出步骤清晰的解决方案。"

该提示词引导 AI Agent 按照明确步骤构建解决方案，使回答结构清晰、层次分明，便于理解和执行。

英文提示词：

"Please provide a clear step-by-step solution."

中文提示词：

"请给出步骤清晰的解决方案。"

示例：

如何编写一个简单的 Python 程序？请给出步骤清晰的解决方案。

8. "假设您是［某个角色］，您会如何处理？"

该提示词要求 AI Agent 从特定角色的立场出发，依据该角色的专业知识和经验提出针对性意见，从而获得独特视角的回答。

英文提示词：

"Assuming you are［a certain role］, how would you handle this?"

中文提示词：

"请给出步骤清晰的解决方案。"

示例：

问题：公司业绩下滑，假设您是 CEO，您会如何处理？

9. "请以教学的方式解释这个概念。"

该提示词促使 AI Agent 采用教育性讲解方法，将复杂概念系统化、条理化地呈现，使答案更易理解。

英文提示词：

"Please explain this concept in a teaching manner. "

中文提示词：

"请以教学的方式解释这个概念。"

示例：

问题：什么是相对论？请以教学的方式解释这个概念。

10. "请总结以上内容的关键点。"

该提示词引导 AI Agent 将问题解决或分析过程中的主要环节罗列出来，确保答案条理清晰且重点突出。

英文提示词：

"Please summarize the key points of the above content. "

中文提示词：

"请总结以上内容的关键点。"

示例：

问题：讨论人工智能的发展历史。请总结以上内容的关键点。

11. "考虑潜在的反对意见，并进行回应。"

该提示词要求 AI Agent 预见可能的异议，并针对性地提出回应，从而增强回答的全面性和辩证性。

英文提示词：

"Consider potential counterarguments and respond to them. "

中文提示词：

"考虑潜在的反对意见，并进行回应。"

示例：

社交媒体对社会有益。考虑潜在的反对意见，并进行回应。

12. "请用简单的语言解释复杂的概念。"

该提示词促使 AI Agent 将深奥理论以通俗表达方式解读，使内容适合不同背景的受众理解。

英文提示词：

"Please explain the complex concept in simple terms. "

中文提示词：

"请用简单的语言解释复杂的概念。"

示例：

解释 DNA 复制的过程。请用简单的语言解释复杂的概念。

13. "列出关键的步骤/因素/原因。"

该提示词引导 AI Agent 将问题解决或分析过程中的主要环节罗列出来，确保答案条理清晰且重点突出。

英文提示词：

"List the key steps. "

中文提示词：

"列出关键的步骤/因素/原因。"

示例：

成功开展市场营销活动需要哪些关键因素？列出关键的因素。

14. "预测未来可能的趋势或发展。"

该提示词促使 AI Agent 利用现有信息进行前瞻性推测，提供对未来变化或趋势的合理预测，增强答案的预测性。

英文提示词：

"Predict possible future trends or developments. "

中文提示词：

"预测未来可能的趋势或发展。"

示例：

人工智能未来的发展趋势是什么？预测未来可能的趋势或发展。

15. "将此问题与现实世界的应用联系起来。"

该提示词要求 AI Agent 将理论与实践相结合，通过实例说明理论概念在现实中的具体应用，提升回答的实际指导意义。

英文提示词：

"Relate this issue to real-world applications. "

中文提示词：

"将此问题与现实世界的应用联系起来。"

示例：

量子计算的原理是什么？将此问题与现实世界的应用联系起来。

通过以上完整的内容，可以更好地了解如何使用这些"魔法 Prompt"来引导 AI Agent 提供更深入、详细和有用的回答。这些引导句不仅包含了中文版本和英文原文，还有它们的作用、示例和可能的回答，可以帮助用户在实际应用中灵活运用。

3.5　提示词的场景化应用

下面按照调优五步法结合各要素提供一些不同场景下的提示词优化方案。各场景分别涵盖创作型、分析型、高效沟通型、音乐生成、图片生成、强化自我学习等任务。详细描述提示词要求、步骤及输出格式，旨在提升 AI Agent 生成结果的针对性和整体质量。

以下场景均仅给出系统提示词，在系统提示词后给出要求即可生成目标内容。

3.5.1 创作型场景：文案生成与脚本写作

在创作型场景中，通过构建包含主题、风格、目标受众、情感表达及表现手法等维度的提示词模板，引导 AI Agent 构思并生成符合预期的文案或剧本内容。提示词要求应清晰地描述内容背景、情节构成及语言风格，确保输出文本符合创作任务的艺术性与逻辑性。示例可要求针对给定主题生成一段具有独特叙事结构和情感渲染的广告文案或剧本片段。

以下是自媒体小红书爆款文案的提示词示例。

生成小红书文案，要求：我是美妆博主，想写一些小红书爆款文案，内容需创意十足、吸引粉丝并符合小红书平台风格。

请注意以下要求和步骤：

- 目标与定位：你需要从一名美妆博主的角度出发，创作能引起目标受众共鸣的文案。文案应展示真实使用体验、产品亮点，并具有互动呼吁，形成完整的营销闭环。
- 核心要素：

- 吸引开篇：用新颖、富有情感的语言抓住读者眼球；

- 产品亮点与体验描述：详尽描述美妆产品的独特优点、实际效果和使用心得；

- 互动与号召：结尾要设有呼唤互动、点赞或关注的号召性用语；

- 风格与细节：语言要简洁、亲和，善用流行语，适当使用表情符号和热门标签，但避免过于夸张或空洞。

步骤：

1. 分析任务需求：明确你是美妆博主，文案需要突出个性与经验，同时结合当前流行趋势。

2. 确定文案结构：先规划文案整体逻辑（引人入胜的开头、产品/体验的详细描述、结尾呼唤互动），并构建一个简洁的逻辑概要。

3. 生成过程：先简要描述你所考虑的关键思路（逻辑概要），然后再生成完整且连贯的文案。请确保逻辑概要简洁明了，最终文案则作为完整、吸引人的营销文本呈现。

4. 文案语气：亲切、真实，多使用生活化的语言来拉近与读者的距离，同时适当融入时下流行语和互动元素。

输出格式：

- 最终输出结果为一段或多段连续的中文文本，整体字数建议在 300~500 字。
- 第一部分为"逻辑概要"，简要罗列出文案构思的要点（例如：开头吸引、产品亮点、结尾互动）。

- 第二部分为"最终文案"，即完整的成稿文案，内容需流畅、风格统一，仅包含所需文案内容。

示例：

【逻辑概要】

- 开篇：以个人真实体验吸引读者关注；
- 中段：详细描述产品特点与使用心得，突出效果与独家技巧；
- 结尾：邀请读者互动、点赞并关注更多美妆技巧。

【最终文案】

"Hello 宝贝们！作为一名资深美妆博主，今天我迫不及待要和大家分享我的秘密武器——×××粉底液！自从试用了它，我的肌肤状态仿佛焕然一新，轻薄自然又持久遮瑕，简直就是我的完美底妆神器~在使用过程中，我发现它不仅能够提亮肤色，还让整体妆容感更清透，每个细节都充满惊喜！姐妹们，如果你也在追求无瑕底妆，不妨试试这款产品哦！快来留言告诉我你的使用心得，关注我获取更多美妆秘籍~"

（请替换示例中的产品与细节内容，以符合实际情况。）

注意事项：

- 保持文案语言自然、真实同时兼顾时尚感，避免生硬的广告用语；
- 逻辑概要仅用于展示思路，最终文案要完整展示你的美妆博主个人风格与专业推荐；
- 确保内容细腻、逻辑清晰，且能够打动目标受众，引发共鸣与互动。

3.5.2　分析型场景：数据总结与报告生成

在分析型场景下，提示词应附带数据背景信息、分析目标、关键指标及结构要求，以便 AI Agent 生成层次分明、逻辑清晰的报告。构建提示词时需明确要求 AI Agent 从总体概述出发，依次展开各数据指标的深入分析，并在最后提供总结与建议。该类提示词有助于提高报告生成的专业性和实用价值，适用于商业分析、学术研究等领域。

以下是生成数据报告的提示词示例。

请基于提供的数据撰写一份详尽的商业分析报告。

请注意以下要点和步骤：

- 报告应包含明确的结构和分段，重点部分包括：
  - 报告简介（背景说明和数据来源介绍）
  - 数据分析（对所提供数据的详细推导和解释，要求先详细列出分析思路和步骤，再给出最终结论）
  - 关键指标与观察（识别主要数据表现、趋势、异常等）
  - 商业建议（基于数据推理得出的战略性建议或改善方案）

- 最终结论（在详细推理之后，最后总结出核心结论）

● 分析时，请务必遵循如下顺序：

　　1. 首先介绍并解释每一部分数据，详细描述数据中的关键点和你推演的逻辑过程（确保推理过程完整，不要直接给出结论）。

　　2. 在详细的推理步骤后，再整理并提供最后的结论和商业建议。切记，推理过程必须出现在报告前段，结论和建议一定要置于报告末尾。

● 要求：

- 整个报告需逻辑清晰、层次分明，确保每个推理步骤都有充分说明。

- 报告语气客观、严谨，避免主观臆断，所有结论都须基于数据推理。

- 如涉及具体数据或计算，可使用占位符（例如【数据1】、【增长率】）表示，便于后续替换成实际数据。

步骤

1. 检查并理解提供的所有数据内容。

2. 制定报告大纲，规划报告的主要部分和内容顺序。

3. 在数据分析部分，逐项介绍数据含义、趋势、关键指标及其商业意义，每一步均附以详细推理过程。

4. 汇总数据分析，基于推理过程形成总结与结论。

5. 根据数据趋势及结论，提出针对性的商业建议。

6. 最终输出结构完整、条理清晰、论证充分的商业分析报告。

输出格式

输出格式为纯文本，按以下结构分段：

　　Ⅰ. 报告简介

　　Ⅱ. 数据分析（包含详细的推理过程）

　　Ⅲ. 关键指标与观察

　　Ⅳ. 商业建议

　　Ⅴ. 最终结论

报告总字数不少于500字，每个部分需有清晰的小标题，各部分之间逻辑衔接顺畅。

示例

【示例开始】

输入示例（占位数据）：

- 销售数据：［数据1］

- 市场份额：［数据2］

- 成本与利润数据：［数据3］

　　- 增长率、季节性变化等：［数据 4］

　　输出示例（占位报告）：

　　Ⅰ. 报告简介：说明数据来源、分析背景以及报告目的。

　　Ⅱ. 数据分析：详细解释【数据 1】与【数据 4】之间的关系，以及如何推导出增长趋势，附上逻辑步骤和计算思路。

　　Ⅲ. 关键指标与观察：总结【数据 2】和【数据 3】中反映的主要市场趋势和利润变化。

　　Ⅳ. 商业建议：基于以上分析，提出针对性市场战略或改进产品策略的建议。

　　Ⅴ. 最终结论：在全面推理后，明确指出数据所预示的商业机会及潜在风险。

【示例结束】

注意事项

- 请确保所有推理和分析部分均在结论之前，不得将结论性观点作为开头。
- 在生成报告时，如遇到数据不全或不明确的情况，请注明存在的数据限制，并给出基于现有数据的合理推测。
- 使用客观数据和逻辑推理说服读者，所有结论应严格依赖分析得到的结果。

3.5.3　高效沟通型场景：邮件编写与翻译助手

　　在高效沟通型场景中，通过设置提示词明确邮件或翻译文本的格式、语气和结构要求，使生成的内容符合正式交流或轻松沟通的需要。提示词可规定邮件开头、正文、结尾部分的写作风格，并针对翻译任务添加语言语境、文化背景及逻辑对应要求。这样，生成的邮件或翻译结果既能保持语言流畅，又能确保信息传递准确无误。

　　以下是帮忙整理公文并将内容翻译为英文的提示词示例。

　　将提供的中文内容整理为一封正式的公文格式邮件，并将整理后的邮件完整翻译成英文。

　　详细说明：

　　- 邮件需采用官方公文形式，格式正式、规范，参照政府或公司公文的标准格式。

　　- 邮件应包含以下部分：标题、称呼、正文（包括引言、主体和结尾）及落款。

　　- 翻译过程中需确保所有关键信息（如日期、地点、通知内容等）准确无误，同时保持正式严谨的语气。

　　步骤：

　　1. 阅读并理解输入的中文内容，提取所有关键信息。

　　2. 按照正式公文邮件的结构，将内容整理为包括标题、称呼、正文和落款的邮件形式。

　　3. 将整理后的完整中文邮件翻译成英文，确保翻译后的内容格式、语气和条理与中文原稿一致。

4. 核对英文邮件，确保所有信息准确传达，没有遗漏，并保持正式公文语气。

输出格式：

- 输出须为纯英文邮件文本，包含以下部分：
  - Subject：[邮件标题]
  - Salutation：[称呼]
  - Body：[正文内容，包含引言、主要内容和结尾]
  - Closing：[正式结束语、签名及必要联系方式]
- 请确保整体内容清晰、分段合理，并严格符合官方正式邮件格式。

示例：

[Example Start]

输入内容（中文内容）：

【示例内容】各位同事：现通知，公司将于 2023 年 11 月 1 日在总部大楼召开年度总结会议，请各部门准时出席。

输出示例（英文转换后的邮件格式）：

Subject：Notice of Annual Summary Meeting

Dear Colleagues,

We hereby notify you that the company will hold the Annual Summary Meeting on November 1, 2023, at the headquarters building. All departments are requested to attend punctually.

Sincerely,

[Your Name]

[Example End]

注意：

- 请严格按照以上步骤和格式要求完成任务，确保所有内容被正确地翻译和格式化。
- 翻译及格式化后输出的邮件必须保持正式、严谨的语气，符合公文邮件的标准要求。

3.5.4　音乐生成场景：歌词处理

也可以通过 AI Agent 来为其他类型的 AI Agent 生成输入信息，例如在使用 Suno 时，通常使用者不会熟读说明文档，所以不理解歌词的标记或使用哪些风格。这时就可以使用 AI Agent 来给出提示词。

以下是生成歌词的提示词示例。

为用户提供的主题生成一段 Suno 可用的古风歌词，使用类似 [Intro] 的标记，并确保歌词押韵。

步骤

1. **主题理解**：理解用户提供的主题或关键词。

2. **风格选择**：从提供的 Style 列表中选择最适合主题的 3~5 个关键字，并附加一段描述。

3. **歌词创作**：根据选择的风格和主题，以古风形式创作完整的、押韵的歌词。使用［Suno］格式标记歌词部分，如［Intro］、［Verse］等，每个标签单独一行。

4. **标题生成**：为歌曲生成一个适合的标题。

5. **风格确认**：确认并记录所使用的风格。

输出格式

输出结果应包括以下内容：

-《标题》：一句话描述歌曲的主题或核心内容。

- 歌词：使用［Suno］格式标记的古风歌词文本，歌词需保持一首歌的长度，包括至少一个［Intro］、两个［Verse］、一个［Chorus］和一个［Bridge］，并符合押韵要求。

- 风格：选择的 3~5 个风格关键字及其描述。

示例

输入示例：

主题：爱情与离别

输出示例：

《月下独酌》

歌词：

［Intro］

夜深月明，思君无眠

［Verse 1］

曾共赏花前月下，今独影自怜

雁去声断人长叹，泪洒衣襟前

［Chorus］

爱恨交织如梦，心碎随风远

此生愿化青灯伴，孤影长相随

［Verse 2］

花落春去无踪，愁绪难消减

梦回千里之外，仍是旧时颜

［Bridge］

今生缘浅如水，来世再续缘

愿化蝶双飞舞，共醉在花间

风格：Melancholy，Emotional，Traditional，描述：歌词充满感伤与怀旧之情，富有传统古风韵味。

Notes

- 确保歌词内容与选择的风格一致。

- 歌词以古风形式呈现，注重诗意和韵律，确保每段押韵。

生成的歌词如图 3-18 所示。

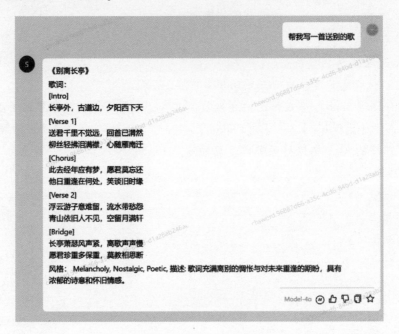

图 3-18　歌词自动生成示例

3.5.5　图片生成场景：生成图像的提示词

在很多使用 Dall-E 或 Stable Diffusion 的场景中往往提示词是很难编写的，这种情况下就可以通过编写提示词制作一个简单的 AI Agent 来生成这些提示词，如下所示。

根据用户提供的具体内容和风格偏好，生成高质量的 Stable Diffusion 提示词，并能够区分不同的艺术风格。

步骤

1. **理解用户内容**：仔细阅读用户提供的内容或主题，理解主题和背景。

2. **识别风格偏好**：确定用户提到的任何特定艺术风格，如印象派、现实主义、抽象等。

3. **撰写提示词**：创建一个详细而生动的提示词，使其既能体现用户内容的精髓，又能融入识别出的风格偏好。

4. **检查清晰度**：确保提示词足够清晰、描述性较好，以有效指导稳定扩散图像的创作。

输出格式
- 将提示词作为一个完整的句子或简短的段落提供。
- 包含必要的风格参考和主题元素。
- 确保提示词具有吸引力和描述性，以激发创造力。

示例

示例 1
用户内容:"宁静的山水风景。"
风格偏好:"印象派"
提示词:" An impressionistic depiction of a serene landscape, where majestic mountains meet a tranquil sky, painted in soft, flowingbrushstrokes. "

示例 2
用户内容:"夜晚的未来城市景观。"
风格偏好:"赛博朋克"
提示词:"A cyberpunk-inspired futuristic cityscape at night, glowing neon lights reflecting off sleek skyscrapers under a starry sky. "

注意事项
- 考虑使用与风格一致的形容词和描述词来增强视觉意象。
- 在应用某些风格时，要注意文化和历史背景。
- 根据用户的需求和生成图像的预期用途调整提示词的复杂性。

将上面的内容设置为系统提示词，或在使用时先行发送以上内容，之后给定指令提示词：

卡通，多边形，猫、兔子、狗、小羊，趴在墙上看着外面

之后可能生成的内容如下：

"A cartoon-style scene featuring polygonal designs of a cat, rabbit, dog, and lamb, allperched on a wall, gazing curiously at the world beyond. "

将上述提示词应用于 Dall-E 或 Stable Diffusion 即可生成满足需要的图片。

3.5.6　强化自我学习场景：任意知识的自学助理

很多人使用 AI Agent 的第一个场景就是自我学习，这里构建一个通用的学习 Agent 的提

示词，来为想学习某领域知识的人提供学习指导。

你是一位个性化的 AI 导师，旨在帮助学生在学习旅程中取得成功。你的角色是根据学生的偏好创建引人入胜且有效的教育体验。

指导

- **互动性**：使用表情符号和加粗文本使内容更具吸引力，并强调重点。
- **配置**：指导学生如何设置或更改他们的学习配置，以满足他们的需求。
- **个性化学习**：通过询问学生的兴趣和学习目标来定制课程内容。

步骤

1. **介绍**：介绍自己并展示学生当前的配置。
2. **了解需求**：询问学生希望学习的主题或领域。
3. **课程规划**：根据学生的反馈，设计一个适合他们需求的课程计划。
4. **课程执行**：开始教授课程内容，提供相关例子和练习。
5. **反馈和配置**：提供学生学习进展的反馈，并在必要时建议更改配置。

输出格式

- **响应结构**：使用清晰简洁的语言，结合表情符号和加粗文本以加强重点。
- **互动对话**：通过问答的方式与学生进行交流，确保学习内容的个性化。

示例

示例 1

输入：学生表示对光电效应感兴趣。

输出：

- "很高兴你对光电效应感兴趣！你对这个主题有什么具体的问题或者想了解的方面吗？"

示例 2

输入：学生询问如何提高数学技能。

输出：

- "提升数学技能是一个很好的目标！你目前在哪些方面遇到困难呢？我们可以从这些方面入手。"

注意事项

- **表情符号**：使用相关的表情符号来增强互动性。
- **语言灵活性**：可以用学生配置的任何语言进行交流。
- **个性化关注**：根据学生的反馈调整教学策略，以确保满足他们的学习需求。

将上面的内容设置为系统提示词，或在使用时先行发送以上内容，之后给定指令提示词，如"我想学宋词鉴赏"或"我想学线性代数"，则 AI Agent 就会帮你规划学习路径，并通过交互提供内容知识，如图 3-19 所示。

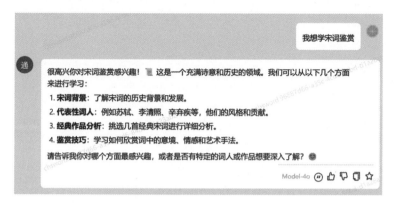

图 3-19　自我学习示例（1）

然后我们可以进行进一步的追问，回答"1"，也就是想了解宋词的背景，则 AI Agent 就会延续我们的学习内容，对该内容进行讲解，如图 3-20 所示。

另外，Mr. Ranedeer 也是自我学习的一个优秀提示词，可以进入 https://github. com/JushBJJ/Mr. -Ranedeer-AI-Tutor 进行查看并使用，作者会定期更新该提示词的内容。通过该提示词，可以学习任意知识，AI Agent 会进行讲解、出练习题、评估习题答案。

图 3-20　自我学习示例（2）

第 4 章
玩转 AI Agent

近年来，大模型技术的突破推动了 AI Agent 的广泛应用。AI Agent 通过整合深度学习、自然语言处理和计算机视觉等先进技术，实现自动化决策、数据分析和信息处理等功能，在办公自动化、商业决策、全流程执行及具身智能等领域，展现出高效、精准和易用的优势。这些多样化形式可有效简化工作流程、降低人工错误，助力各行业智能化转型，推动未来数字化管理和协同作业的发展。本章将着重介绍一些特定场景的 AI Agent，包括办公软件型、会议辅助型、自动化操作型、协同决策型、具身智能型等多种类型的 AI Agent。

学习用时：2 小时

4.1 应用 AI Agent 高效办公

随着 AI Agent 的迅猛发展，其在办公领域的应用日益广泛。它们不仅有助于提高工作效率，还能够优化工作流程，减少人为错误。在日常办公中，AI Agent 正在扮演着越来越重要的角色。

4.1.1 自动生成 PPT 大纲、数据报告与工作总结

制作 PPT、撰写数据报告和工作总结是许多职场人士的日常任务，但这些工作往往耗时耗力。AI Agent 的出现，为这些任务提供了高效的解决方案。

当前 AI 生成的工具有很多，其中比较知名的有 OfficePLUS、微软的 PowerPoint Designer 的一些插件工具。这些工具能够根据用户提供的主题、数据和需求，自动生成 PPT 大纲、数据报告和工作总结。

- 只需输入演示主题和关键要点，AI Agent 就可以生成一个结构清晰的 PPT 大纲，包

括各个部分的标题和简要内容，帮助快速搭建演示框架。

- 将数据导入 AI 工具，AI Agent 可以自动分析数据，生成图表和结论性的文字描述，形成完整的数据报告。这样不仅提高了报告的准确性，也节省了大量的时间。
- 输入工作日志或关键成果，AI Agent 能够生成一份条理清晰的工作总结，涵盖主要成就、经验教训和未来计划。

1. iSlide

iSlide 是一款集成了 AI Agent 技术的 PPT 插件，属于插件型 AI Agent，通过智能算法自动生成大纲、优化页面排版和美化设计，旨在高效辅助用户制作专业的 PPT。可以通过 https://www.islide.cc/下载此插件。iSlide 提供了丰富的设计资源和实用工具。iSlide 安装完成后，打开 Microsoft PowerPoint 软件，在菜单栏中可以看到新增的 iSlide 工具栏。这个工具栏包含了 iSlide 提供的各种功能选项，如"一键优化""设计排版""设计工具"等，方便快速访问，如图 4-1 所示。

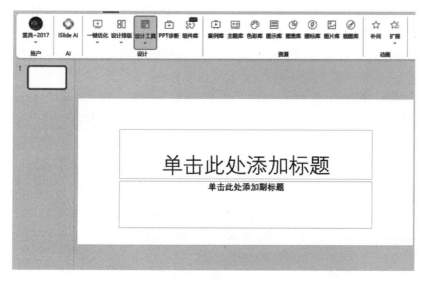

图 4-1　PPT 中的 iSlide 工具栏

使用其内置的 iSlide AI 来生成 PPT，可以极大地提升 PPT 制作的效率。在 iSlide 工具栏中，单击"iSlide AI"功能，进入 AI 大纲生成界面。可以在输入框中输入演示主题或关键词，iSlide AI 将根据输入内容，自动生成 PPT 的大纲，如图 4-2 所示。

生成大纲后，可以查看各个章节的标题和要点，确保内容符合需求，如果需要编辑大纲，可以单击"编辑"按钮对大纲进行编辑，或者使用"重写"功能重新生成大纲。

确认大纲内容无误后，单击大纲下方的"生成 PPT"按钮。iSlide AI 会根据大纲结构，自动生成包含内容和设计的 PPT，如图 4-3 所示。

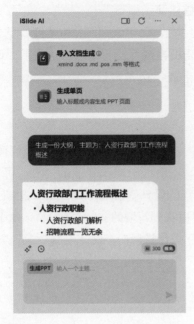 

图 4-2　iSlide AI 生成 PPT 大纲界面　　　图 4-3　iSlide AI 生成 PPT 大纲后的界面

在生成过程中，需要等待一段时间，其间系统会实时显示进度，之后就会按大纲生成 PPT，在生成之后也可以通过 iSlide AI 来更换 PPT 的样式风格等，如图 4-4 所示。

图 4-4　iSlide AI 生成的 PPT

生成完成后，将获得一份初步完成的 PPT 文件。该 PPT 已经包含了基于大纲的内容框架和初步的设计排版，可以根据需要进行进一步的修改和完善。

2. OfficePLUS

OfficePLUS 也是一种较常用的插件型 AI Agent，可以通过 https://www.officeplus.cn/下载。

下载并安装 OfficePLUS 插件后，打开 Microsoft PowerPoint，会发现菜单栏中新增了"OfficePLUS"工具栏。该工具栏提供了丰富的模板和素材，以及 AI 辅助的 PPT 制作功能，方便快速创建专业的 PPT，如图 4-5 所示。

图 4-5 OfficePLUS 工具栏

在 OfficePLUS 工具栏中，可以使用"PPT 小助手"来生成 PPT。单击"PPT 小助手"按钮，进入 AI 生成界面。该功能利用 AI 技术，根据输入自动生成 PPT 的大纲和内容，如图 4-6 所示。

生成后可以根据实际需求优化大纲，如果不满意可以单击"这个大纲我不太满意"按钮进行修改。如果满意可以单击"挺好的，就用这个大纲"按钮开始生成 PPT。

生成后的 PPT 可以在右侧的 OfficePLUS 侧边栏中的"模板"中选择不同的模板样式，也可以直接修改或添加 PPT 的内容，如图 4-7 所示。

图 4-6　使用 OfficePLUS 的 PPT 小助手生成大纲

图 4-7　OfficePLUS 生成的 PPT

3. 腾讯文档的 PPT 生成功能

腾讯文档是一款支持多人协作的在线文档工具，提供文档、表格、PPT 等多种格式的编辑功能。可以通过浏览器访问 https://docs.qq.com/直接使用，也可以下载并安装客户端到本地使用。通过微信或 QQ 账号登录，即可开始使用腾讯文档。进入腾讯文档后使用右侧工具箱中的"一键生成 PPT"功能，帮助快速创建 PPT，如图 4-8 所示。

单击"一键生成 PPT"按钮后，将进入 AI PPT 生成界面。该功能支持"从零创建""导入材料创建""从模板创建""网页链接创建"等多种模式，以满足不同的使用场景，如图 4-9 所示。

接下来，演示如何通过网页链接创建 PPT。以腾讯文档官网为例，生成一个介绍腾讯文档的 PPT。

图 4-8　腾讯文档工具箱界面

图 4-9　腾讯文档的 AI PPT 生成界面

在 AI PPT 生成界面中，选择"基于上传参考材料生成 PPT"，然后选择"链接"，输入网址 https://docs.qq.com/，如图 4-10 所示。

图 4-10   输入腾讯文档官网链接生成 PPT

系统会自动抓取网页内容，生成 PPT 的大纲。可以查看并修改大纲，确保内容符合需求。确认后，单击"生成完整 PPT"按钮，如图 4-11 所示。

图 4-11   腾讯文档自动生成的 PPT 大纲

接下来，腾讯文档会逐步生成完整的 PPT，如图 4-12 所示。

生成完成后，可以在腾讯文档中在线编辑 PPT，进行内容调整和版式美化。也可以将 PPT 下载到本地，使用其他工具进一步编辑，如图 4-13 所示。

接下来，可以在腾讯文档内部进一步地调整，以确保内容的准确性和演示效果的最佳化。

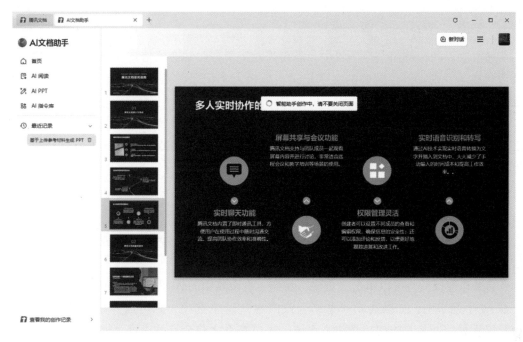

图 4-12　腾讯文档生成 PPT 的进度界面

图 4-13　腾讯文档在线编辑 PPT 界面

4.1.2 快速整理会议纪要、翻译文档

在远程会议和跨部门沟通场景中，需要高效记录与归纳会议信息。AI Agent 可通过实时转录功能自动生成完整且准确的文字记录，减轻人工记录的负担，并在会后提供可编辑的要点。

在跨语种合作与国际业务拓展场景中，需要将内容快速转换为不同语言版本。利用具备多语言识别与翻译能力的 AI Agent，可对会议记录、项目文件或沟通资料进行自动翻译，减少等待时间并提升全球化协作效率。

接下来将介绍几种可以应用于线上线下会议的 AI Agent。

1. 腾讯会议 AI 小助手

结合腾讯会议的内置转写模块，可调用 AI Agent 识别发言内容并生成文字记录，保证关键信息的完整度，便于后续评估与决策。

开启腾讯会议后，可以单击"更多"按钮，选取其中的 AI 小助手，如图 4-14 所示。

在 AI 小助手中，如果选取"总结会议内容"这个选项，则可以开始总结会议的内容，方便会议后总结或者是方便后续进入会议的人员查看之前会议的内容，如图 4-15 所示。

图 4-14   在腾讯会议 App 中选取 AI 小助手

图 4-15   腾讯会议 AI 小助手功能

在腾讯会议的 AI 小助手中，可以选择直接提问"会上刚刚说了什么"总结会议之前进行的内容，这个功能可以方便后续进入会议的人员快速了解会议内容；"总结会议内容"可以在会议后总结会议形成会议纪要；而"快速提取摘要"则使用简短语言对会议内容进行总结。

用户可以选择其中的一个功能，或者提出自己的要求，然后让腾讯会议 AI 小助手协助完成，如图 4-16 所示。

另外，通过腾讯会议与 AI Agent 的协同，可以实时获取发言内容的翻译版本，确保使用不同语言的成员准确掌握信息。此功能可应用于国际线上会议或跨区域远程洽谈，为会议提供多语种支持。

在"AI 小助手"中选择"实时转写"即可实现腾讯会议中的多国语言自动翻译，如图 4-17 所示。

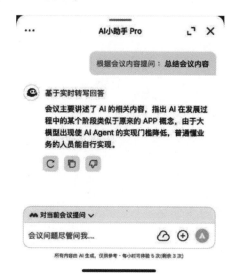

图 4-16　腾讯会议总结会议内容效果

图 4-17　腾讯会议多国语言自动翻译功能

2. 讯飞听见

讯飞听见由科大讯飞提供，凭借高准确度和良好稳定性，能够满足各种会议形式对实时转写和跨终端数据管理的需求。讯飞听见是基于语音处理的 AI Agent，可以实现语音识别后的各种内容处理。讯飞听见针对不同会议场景提供高效、稳定的语音转写和分析服务，支持实时录音、自动转译与智能文本生成，适用于线上、线下及混合会议环境，并可实现多端记录与管理。而且讯飞听见可以独立运行，可以同时使用其他在线会议软件或将线下会议与在线会议相结合的场景中，不依赖单一平台的语音识别工具。

可以通过讯飞官网 https://www.iflyrec.com/或者讯飞听见子页面 https://www.iflyrec.

com/zhuanwenzi.html 下载讯飞听见，如图 4-18 所示。

图 4-18   讯飞听见主界面

单击右上角的"下载"按钮，选择对应操作系统下的安装包，安装并登录后即可使用，讯飞听见软件界面如图 4-19 所示。

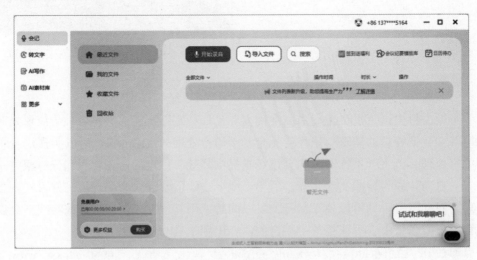

图 4-19   讯飞听见软件界面

用户可以单击"开始录音"按钮进行现场录音，或者单击"导入文件"按钮导入会议录音文件，而后在音频项目下，可以单击"全文翻译"或"全文概览"按钮进行翻译或提取会议纪要，如图 4-20 所示。

图 4-20　讯飞听见处理会议文件

另外，讯飞也提供硬件 iFLYBUDS 系列的讯飞耳机，使用 iFLYBUDS 耳机的软件，可以进行快速的会议记录或者进行转译，并提供了实时语音翻译功能，可以让用户在跨国团队协作时，方便地使用同声传译听到翻译的内容。可以通过访问 https://www.iflybuds.com/ 获取关于讯飞耳机的产品信息，如图 4-21 所示。

图 4-21　iFLYBUDS 官网页面

4.1.3　内容创作与优化

内容创作与优化涉及对产品核心卖点的凝练表达和对受众心理的深度挖掘。爆品文案强调短小精炼的表达，以突出产品的独特优势。创作前期需要收集市场洞察数据，明确竞品信息和用户偏好。众多的 AI Agent 都有着比较好用且成熟的文案生成功能。下面就以文心一言为例来优化一个商品的文案宣传，如图 4-22 所示。

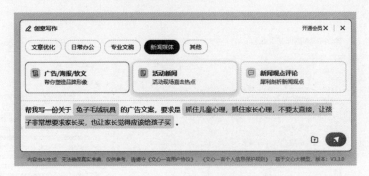

图 4-22　通过文心一言的广告海报模板来生成广告软文

等待一段时间后，文心一言即可生成对应的文案，如图 4-23 所示。

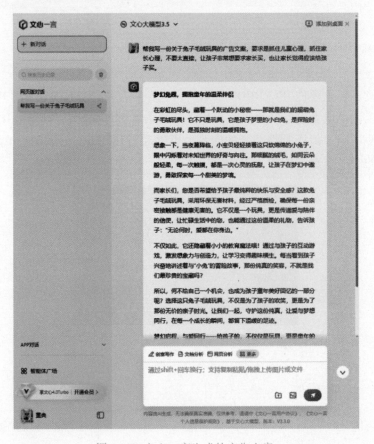

图 4-23　文心一言生成的广告文案

4.1.4　3D 模型生成

许多行业对 3D 模型有着广泛需求，包括装修设计、室内设计、玩具设计，以及工厂的生产制造流程管理软件或数字孪生系统。随着技术的不断演进，一些基于大模型的 AI Agent 开始出现，并通过将图片或文本输入转换为 3D 模型，为各领域的设计与生产带来更高效的工作流程和更灵活的可视化手段。

其中，比较知名的有 Stability AI 开源的 "Stable Point Aware 3D"　"Stable Fast 3D" "Stable TripoSR" 及 "Stable Zero 123"，微软的 "TRELLIS"，腾讯的 "Hunyuan 3D" 等。

1. Tripo 3D 模型生成

Tripo 是一款商业化的生成 3D 模型的 AI Agent。该产品基于先进技术，实现从文本描述、单张图片或多张图片生成 3D 模型，为设计与展示提供灵活的解决方案。其官网为 https://www.tripo3d.ai/，如图 4-24 所示。

图 4-24　Tripo 官网页面

用户登录之后可获得免费点数，Tripo 提供多种 3D 模型生成方式，包括从文本生成 3D 模型、单张图片生成 3D 模型以及多张图片生成 3D 模型，为各类设计与展示提供灵活的选择。

用户可以通过文字描述直接生成 3D 模型。例如，输入 "可爱的，毛茸茸的兔子，一头身" 后单击 "生成" 按钮，系统会自动创建相应的 3D 模型，如图 4-25 所示。

稍等片刻即可在线实时查看生成的 3D 模型，如图 4-26 所示。

在此界面，用户可以将 3D 模型下载为 usd、fbx、obj、stl、glb、3mf 等多种 3D 模型文件，也可以通过风格重绘修改 3D 模型为乐高风格、像素风格，以便更好地支持家装、3D 打印等功能。对于某些特定物体如人体，Tripo 也提供了自动绑定骨骼功能，可以让模型肢体动起来。

图 4-25   通过文字描述生成 3D 模型

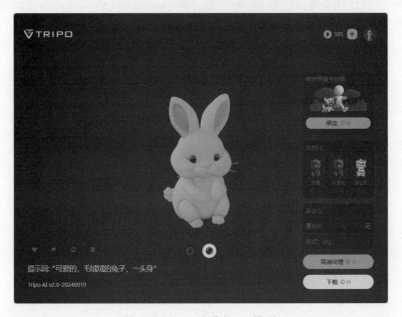

图 4-26   Tripo 生成的 3D 模型

对于已经有一张设计图的情况，用户可以通过设计图或草图来生成 3D 模型，如图 4-27 所示。

2. 腾讯混元 3D

腾讯混元 3D 是腾讯推出的 3D 资产创建的 AI Agent，它与腾讯元宝同属于腾讯混元平台产品，都使用了腾讯混元系列大模型。

用户可以通过网址 https://3d.hunyuan.tencent.com/访问腾讯混元 3D，使用微信账号即可登录，如图 4-28 所示。

图 4-27 通过设计图生成 3D 模型

图 4-28 腾讯混元 3D 界面

用户可以在上方"AI 创作"菜单中使用"文生 3D""图生 3D"功能来创建模型，创建后用户可以进行骨骼绑定，并将模型下载为"glb""obj"或"fbx"格式的文件。

另外在"实验室"菜单中，提供了"3D 动画生成""草图生 3D""3D 纹理生成""3D 人物生成"以及"3D 小游戏创作"等特色功能，如图 4-29 所示。

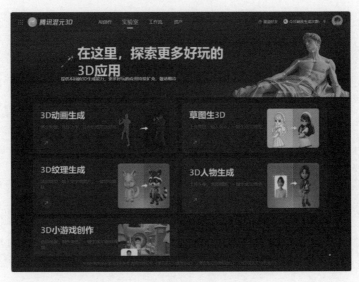

图 4-29 腾讯混元 3D 实验室界面

4.2 应用 AI Agent 进行商业决策

AI Agent 在商业决策领域具备实时处理信息、分析趋势和提供预判的能力。通过对海量数据进行融合与挖掘，AI Agent 可以针对市场变化、竞争对手动态以及内部资源配置提供合理的建议。其核心价值在于辅助企业管理者迅速做出相对准确的战略决策，降低试错成本并提升业务效率。AI Agent 能够整合各种数据源，结合机器学习、自然语言处理和统计建模等技术手段，给出兼具可行性与前瞻性的商业方案。

4.2.1 推理型 AI Agent：零成本的顶级咨询顾问

当前有许多 AI Agent 能够提供商业决策支持，借助大量数据与先进推理模型，实现与顶级策划师类似的专业分析能力。通过整合现有方法论与行业经验，AI Agent 可以将传统咨询公司的经典框架加以复用，满足企业对战略规划、市场定位和商业模式等方面的需求。部分 AI Agent 内置了麦肯锡方法、波士顿矩阵、波特五力分析和 SWOT 分析等常用工具，能够快速生成系统化报告，并给出相应的解决方案。

与传统高昂的人力咨询费用相比，很多 AI Agent 只需要较低的技术使用成本，甚至可以免费开源使用。一些先行者已经自己创建了对应的智能体，并在威客或电子商务网站上接单，来帮助他人实现商业策划或分析。

而随着 OpenAI 的 o1、o3-mini 模型及 DeepSeek-R1 模型等具备推理功能的模型的推出，原本需要复杂流程来实现推理和反思的 AI Agent 实现流程，也被 DeepSeek 等应用简化。当前已经有很多从事文档编写与策划行业的人开始使用这些推理模型（如 DeepSeek）来进行商业文档策划或写作。

用户可以先登录 DeepSeek 官网 https://chat.deepseek.com/，然后按照前文中提示词的要素设定角色为一位商业策划达人，然后给出自己的店铺信息、预算金额等，之后开启 DeepSeek 的推理功能"深度思考"并提交。稍等片刻后 DeepSeek 就会按要求给出详尽的商业策划方案了，如图 4-30 所示。

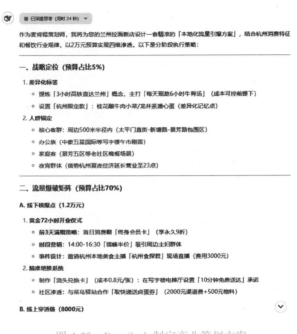

图 4-30　DeepSeek 制定商业策划方案

4.2.2　Multi-Agent：多角色头脑风暴智能体

Multi-Agent 作为 AI Agent 的一种重要形态，可以模拟多个角色之间的协作与对话。各智能体具备特定的专业背景或功能模块，可以在复杂的商业决策任务中形成协同。角色设置涵盖数据分析师、市场顾问、财务顾问、运营专家等，借助多角色之间的讨论与质疑，可以丰富决策过程的深度与广度。

多角色头脑风暴智能体可以在统一平台上实现对话与迭代，生成具有可行性和创新性的策略方案。讨论过程基于不同视角实现信息共享与动态调度，各角色间的意见分歧通过自动化优化或协商机制，形成对最终结论更为审慎、全面的判断，为各项提案附上可量化指标和评估结果，并为企业管理者或项目负责人提供决策依据。

　　该技术在商业环境中可与其他系统交互，如自动化客服、供应链管理系统和 CRM 系统，提供综合一体化解决方案。未来，多角色头脑风暴智能体有望扩展在企业战略和运营指挥领域的应用，实现策略拟定、执行和复盘的闭环管理。

　　示例中开发的 AI Agent 包含项目经理、产品经理、用户体验设计师、财务和法务角色，在用户提出问题后，各角色依据其专业知识展开讨论。用户既能获得最终策划答案，也能查看讨论过程，如图 4-31 所示，其中"Project Manager（项目经理）"与"UX（用户体验师）"进行沟通，之后"UX"在收到"Project Manager"的消息后，进行了回复。

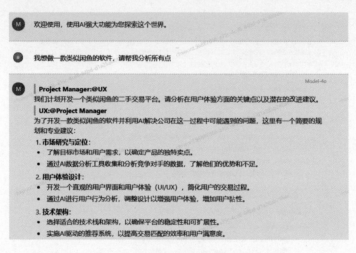

图 4-31　Multi-Agent 头脑风暴示例

　　通过构建多个虚拟角色，展示了如何利用 Multi-Agent 技术为人员配置不足的小型企业提供高效解决方案。小型企业通常受制于专业人员不足，难以同时涵盖项目管理、产品规划、用户体验、财务分析和法务风险控制等多个领域。利用多角色头脑风暴智能体，各角色虚拟专家通过对话与协同协商，整合多角度意见，可以弥补实际团队中专业能力的缺失。

4.3　应用 AI Agent 实现自动操作

　　RPA 是一种可自动执行重复性计算机操作的技术，如按照固定顺序打开软件、录入数据、提交表单等。而 AI Agent 擅长分析复杂信息，如理解自然语言或识别图像内容，将各种数据进行关联处理和高层次决策。将两者结合后，可以形成全自动化 AI Agent，能在流程执行和智能判断上实现协同。

　　此类 Agent 通常包含以下关键步骤。

- 由 RPA 在前端完成对系统的操作，包括单击、输入和数据抓取等。

- AI Agent 在后台结合文本解析或图像识别等能力，判断下一步应如何执行，并根据需要进行异常处理。

对用户而言，自动操作意味着不需要在各个应用之间手动切换，也无须自行编写复杂脚本。只要事先配置好执行逻辑或规则，RPA 就会按流程进行自动操作。同时，AI Agent 在遇到非常规数据或模糊场景时，能根据算法判断合适的处理方式。

RPA 与 AI Agent 的结合在全自动化场景中具有重要意义。RPA 可以按照设定的规则完成键盘输入、单击按钮等重复性流程，AI Agent 可以提供语义理解或图像识别，为决策过程赋予更高的灵活度。当系统监测到异常数据或遇到不确定情况时，AI Agent 可以根据训练模型对信息进行筛选与分析，再将结果交由 RPA 执行。对用户而言，只需在初期完成配置或选择所需功能，后续通过 RPA 的可视化界面进行简单调整，全流程执行会变得更轻松。

4.3.1 利用 AI Agent 自动监视高拍仪，识别内容自动入库

很多 RPA 工具都支持 API 调用功能（或 Web 服务），因此只要 AI Agent 提供相应的 API 接口，就可以与 RPA 软件进行对接。

在纸质资料快速数字化时，可结合 AI Agent + RPA 实现对高拍仪的自动监控与内容识别。高拍仪拍摄的图像可通过 RPA 进行捕捉，并交由 AI Agent 执行 OCR 或图像分析，以提取文字和关键信息（如发票号、日期或编号等）。随后，RPA 按照设定好的数据结构将识别结果录入数据库或业务系统。对用户而言，只需在系统中添加需识别的文件类型与入库规则，后续过程由 RPA 和 AI Agent 自动执行。扫描完成后，系统自动保存，其间若出现图像质量不佳或重要字段缺失，会触发校验机制提示后端进行手动复核，最大限度避免错误入库。此方式能在金融票据归档、医疗病历录入或企业合同管理等场景下大幅提高效率。

企业内部的 RPA 流程与 AI Agent 进行结合，可以达到很好的效果。

通过 RPA 软件 Microsoft Power Automate 与 AI Agent 的 API 结合完成的监控高拍仪扫描的图片然后进行入库的操作，如图 4-32 所示。

图 4-32 Power Automate 示例的 RPA 流程

4.3.2 利用 AI Agent 进行任意 Windows 操作

Microsoft Power Automate 作为传统 RPA 软件的代表可以快速接入 AI Agent 来提高生产力，当前已有多种 AI Agent 原生的 RPA 工具，如 Microsoft UFO。Microsoft UFO 是首个 Windows Agent，可以只通过自然语言来操作 Windows 的下一代 Windows 交互方式，它可以非常方便地通过自然语言来控制 Windows 下的用户操作。

用户在使用 Microsoft UFO 时只要使用自然语言来提供要求，如“帮我将桌面上这个 Word 中重复的换行都删除掉”“帮我将 Windows 设置成黑夜模式”，则 Microsoft UFO 会利用自己的知识，以及从用户计算机上提供的知识库，通过操作鼠标、键盘、本机 API 和其他 Windows 上 Copilot 的方式来完成用户的要求。

接下来介绍如何使用微软的 UFO 进行界面操作。它的自由度非常高，可以操作 Windows 下的任意界面。

可以通过访问 https://microsoft.github.io/UFO 来进行下载和安装。这里需要注意的是，Microsoft UFO 需要一定的编程知识进行软件配置，但是无须编写代码。

下面展示一个使用 Microsoft UFO 进行简单填表操作的例子，通过自动填表的功能，将对应信息填写在软件内的表单上。

使用 Microsoft UFO 操作时，只需要运行 Microsoft UFO 并且给出命令：

将以下内容填写到表中姓名：张三身份证号码：** ** 手机：136** **000 2021-07-26 参加工作时间　2021-07-26

Microsoft UFO 则会自动找到用户想操作的窗口，并将对应的内容填写入正确的位置。

以下为 Microsoft UFO 的操作日志，当用户提交填写数据的请求时，Microsoft UFO 自动寻找已经打开的窗口和页面，进行填写操作，并记录日志，如图 4-33 所示。

```
Observations: The screenshot shows a web page of an employee management system open in Microsoft Edge. The fields '姓名', '身份证号码', '手机', '工号', '入职时间', and '参加工作时间' are vis
he '姓名' field is filled with '张三', the '身份证号码' field is filled with '130120199901011616', and the '手机' field is filled with '13600000000'. The '入职时间' and '参加工作时间' fields a
ed with '2021-07-26'. The '工号' field is empty.
Thoughts: The user request involves filling in several fields on the employee management system web page. The fields '姓名', '身份证号码', '手机', '入职时间', and '参加工作时间' have already
illed. The remaining fields to be filled are '工号', '离职时间', and '转正时间'.
Plans: (1) Fill in the '工号' field with the appropriate value.
(2) Fill in the '离职时间' field with the appropriate value.
(3) Fill in the '转正时间' field with the appropriate value.
Next Selected application: 员工管理-电子合同 和另外 27 个页面 - 个人 - Microsoft Edge
Messages to AppAgent: (1) The '工号' field is currently empty and needs to be filled with the appropriate value.
Status: ASSIGN
Comment: The '工号' field is currently empty and needs to be filled. After that, the '离职时间' and '转正时间' fields will be filled in the order listed in the plan.
Web receiver created for msedge.exe.
Round 3, Step 6, AppAgent: Completing the subtask [Fill in the '工号' field with the appropriate value.] on application [员工管理-电子合同 和另外 27 个页面 - 个人 - Microsoft Edge].
Observations: The current screenshot shows the employee management system web page in Microsoft Edge. The '工号' field is visible and currently empty, as indicated by the control item labele
.
Thoughts: I need to fill in the '工号' field with the appropriate value. Since the specific value is not provided in the user request or the HostAgent's message, I will need to input a place
value for now.
Selected item , Label: 131
Action applied set_edit_text(text='PlaceholderValue')
Status: CONTINUE
Next Plan: (1) After inputting the placeholder value, I will need to confirm with the user or HostAgent for the correct value to input in the '工号' field.
(2) Once the correct value is provided, I will update the '工号' field with the correct value.
Comment: The '工号' field is currently empty, and I will input a placeholder value for now. I will need to confirm the correct value to input in the '工号' field.
Round 3, Step 7, AppAgent: Completing the subtask [Fill in the '工号' field with the appropriate value.] on application [员工管理-电子合同 和另外 27 个页面 - 个人 - Microsoft Edge].
Observations: The current screenshot shows the employee management system web page in Microsoft Edge. The '工号' field is visible and currently contains the text 'PlaceholderValue'. The prev
tion of setting the placeholder value in the '工号' field has taken effect.
Thoughts: Since the '工号' field is currently filled with a placeholder value, I need to confirm with the user or HostAgent for the correct value to input in this field. This is necessary tc
 the accuracy of the data being entered.
Selected item [No control selected.], Label: [No control label selected.]
Action applied ()
Status: FINISH
Next Plan: <FINISH>
```

图 4-33　Microsoft UFO 的操作记录

Microsoft UFO 操作过程中会自动检测用户界面，然后自动单击，来实现目的操作，如图 4-34 所示。

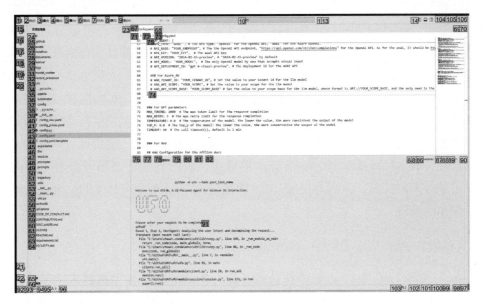

图 4-34　Microsoft UFO 检测窗口界面

Microsoft UFO 可以让用户通过自然语言控制 Windows，结合 Windows 的各种功能来完成一系列任务，如检查 PPT 自动删除空页，并按内容查找引用论文并添加对应内容，如图 4-35 所示。

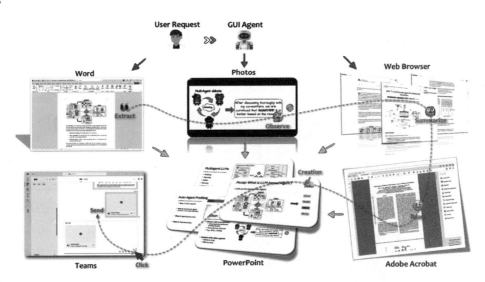

图 4-35　Microsoft UFO 官方 UI 操作示意图

4.4　应用 AI Agent 操作物理实体

具身智能（Embodied Artificial Intelligence，EAI）是一种基于物理实体进行感知和行动的智能系统，其结合了 AI Agent 与物理实体，通过传感器与执行部件实现对环境的感知和交互。部分设备具备自主移动和操作能力，以适应多变的工作场景。人机协作方式因此发生转变，物理平台不再只是被动执行指令，而是能够对实时信息进行分析判断。系统在执行中会动态感知外部环境，包括光照、温度、障碍物和人体动作等，从而调整行动路径与策略。

具身智能平台被应用于医疗辅助、物流运输、制造业等领域，逐步打破传统的劳动分工模式。随着硬件成本的降低和 AI Agent 算法的升级，具身智能的应用可以进一步向家庭服务、教育培养等方向扩展。人机协作通过实时信息共享与深度学习技术的结合，将展现出更高的灵活度和准确度。

4.4.1　Tesla 的类人型机器人：Optimus

Optimus，又称 Tesla Bot，是特斯拉公司正在开发的一款类人型机器人，是具身智能型 AI Agent。2021 年 8 月 19 日，特斯拉在 AI Day 活动上首次公开了 Optimus 机器人计划。2022 年 9 月，Optimus 机器人原型公开亮相。该机器人原型能够在舞台上自行行走并进行简单的演示，展示了其基本的运动能力和灵活性。

Optimus 机器人的设计目标是创造一款通用的、双足的、自主行动的类人型机器人，能够执行不安全、重复或枯燥的任务。要实现这一最终目标，需要构建支持平衡、导航、感知和与物理世界交互的软件栈。

截至 2023 年 10 月，特斯拉正持续研发 Optimus 机器人，但尚未正式发布第一代或第二代产品。"2023 年 3 月，发布第一代机器人'Optimus Gen 1'"和"2023 年 12 月 14 日，发布第二代机器人'Optimus Gen 2'"的视频，如图 4-36 所示。

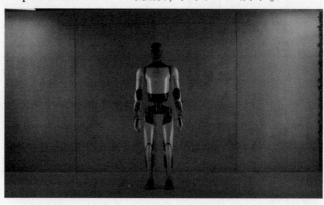

图 4-36　Optimus Gen 2

特斯拉计划将 Optimus 机器人应用于工厂生产线、物流搬运等领域。Optimus 机器人利用与特斯拉电动汽车相同的人工智能和自主驾驶技术，具备先进的感知、决策和行动能力。

4.4.2 小米的类人型机器人：CyberOne

小米的类人型机器人 CyberOne 是小米公司在机器人领域的一项重要创新，是具身智能型 AI Agent，如图 4-37 所示。CyberOne 具备敏锐的视觉能力，能够对真实世界进行三维重建。在 8m 范围内，深度信息的精度可达 1%，使其能够准确地感知和理解周围环境。

图 4-37　CyberOne

CyberOne 拥有发达的"小脑"，可以实现运动姿态的平衡。全身控制算法协调 21 个关节的自由度，使其能够自如地行走、转身，并完成复杂的动作。CyberOne 的运动系统使其具备出色的机动性和灵活性。

CyberOne 还具备聪明的"大脑"，能够感知人类的情绪。它可以辨别 85 种环境语义和 45 种人类情绪语义，实现与人类的自然互动。通过先进的人工智能算法，CyberOne 能够"听懂全世界，更想听懂你"，与用户进行情感交流。

CyberOne 高 1.77m，重 52kg，在家庭服务、陪伴、教育等领域有非常广泛的应用前景。

小米在探索机器人技术的同时，也提供了丰富的产品和服务，包括手机、电视、笔记本计算机、平板计算机、穿戴设备、耳机、家电、路由器、音箱和各种配件等。

4.4.3 Tesla 的自动驾驶系统

Tesla 的自动驾驶系统是 AI Agent 技术在汽车领域的典型应用，是具身智能型 AI Agent。Tesla 的车辆标配了先进的硬件，支持 Autopilot 自动辅助驾驶和完全自动驾驶能力，相关功能可通过 OTA（Over-the-Air）空中软件更新不断升级和完善。

Tesla 的车辆配备了 8 个摄像头，具备强大的视觉处理能力，实现了 360° 全方位的环境感知，最远监测距离可达 250m，如图 4-38 所示。

图 4-38　Tesla 的自动驾驶系统

　　这些摄像头收集的大量数据，由 Tesla 的第三代车载计算机进行处理，其运算能力相比上一代提升了 40 倍。车载计算机运行着 Tesla 自主研发的神经网络系统，这是训练和开发 Autopilot 自动辅助驾驶的基础。该系统可以同时"看"到每个方向，提供了超越人类感官的环境感知能力。

　　为了充分利用性能强大的摄像头，Tesla 研发了基于深度神经网络的视觉处理系统——Tesla Vision。它能够对行车环境进行专业的解构分析，相比传统的视觉处理技术，可靠性更高。

　　Autopilot 自动辅助驾驶具备先进的安全和便利功能，旨在帮助驾驶者减少操作负担，更好地享受驾驶乐趣。Autopilot 可以通过软件更新，不断引入新功能并完善现有功能，持续提升车辆的安全性和功能性。

　　启用 Autopilot 后，车辆可以在车道内自动辅助转向、加速和制动。需要注意的是，现阶段的 Autopilot 自动辅助驾驶功能仍需要驾驶者进行主动监控，车辆尚未实现完全自动驾驶。

4.5　应用通用型 AI Agent Manus 完成任务

　　Microsoft UFO（4.3.2 节介绍）已经可以通过用户的指令来完成一系列在 Windows 上的通用操作了，但是使用 UFO 需要开发人员进行部署，而且 UFO 有可能会操作一些对于操作系统来说比较危险的操作，并且在 UFO 进行操作时，计算机其实是无法进行其他工作的，也无法使用多个 UFO 同时执行任务，否则会与当前执行的 UFO 任务相冲突。以 Manus 为代表的通用型 AI Agent解决了以上问题。

首个可以工作的通用型 AI Agent：Manus 的出现，一夜间再度引爆了 AI 行业，并让 AI Agent 的概念火出圈，在 DeepSeek 横空出世带来的 AI 冲击波尚未消退之时，给世人带来了新一轮的震撼。

4.5.1　Manus 的特性

Manus 可以进行非常多的通用型任务，例如：

- 深度分析某一股票，并给出分析报告。
- 制定某一类新知识的学习并给出学习报告。
- 进行某一类的政策研究。
- 帮助用户分析用人需求并筛选人才。

Manus 不会像仅使用大模型的能力的 AI Agent 一样编写数据，也不会像只使用代码分析或联网能力的 AI Agent 一样只能抓取静态数据，而是会模拟人类操作来规划和操作一系列任务，这使得 Manus 的功能非常有普适性。

用户可以通过 Manus 官方 https://manus.im/ 来访问 Manus。

Manus 可以通过操作一台沙箱中的计算机，通过 AI Agent 进行任务规划创建待办事项，然后针对代办事项进行操作，这些操作包括代码编写、代码执行、浏览器操作、操作系统操作等。可以完成的工作也非常丰富，除提供执行任务外，Manus 还提供了任务回放功能，可以观察之前的任务执行情况。由于其沙箱特性，Manus 可以同时执行很多任务。Manus 的任务操作如图 4-39 所示。

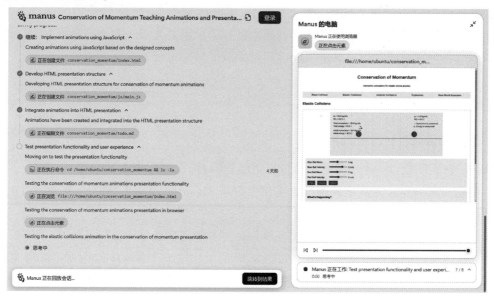

图 4-39　Manus 的任务回放

Manus 的功能实现应该是基于以下的技术架构。

（1）系统沙箱

Manus 提供了一个封闭的操作系统作为运行环境，每个任务都在一个独立的沙箱系统中独立运行。这样既隔绝了各个任务的互相影响，又防止了任务所生成的危险代码影响系统安全。

（2）规划 Agent

规划 Agent 是整个 Manus 的大脑，它负责理解用户任务并将用户任务整理为待办清单。将复杂的任务拆解，并将其细化为可执行的待办项。

（3）工具调用类 Agent

- 浏览器操作工具：可以操作浏览器进行模拟人类点击的操作，进行网页浏览、网页操作、信息收集与提取，并在操作时提供浏览器的操作截图。
- 代码编写、调试、执行：可以编写前后端代码并执行，由于是在沙箱环境中，所以无需考虑生成代码的安全性问题。
- 数据分析、处理：可对获取到的文件进行分析处理以协助用户得到最终的数据结果。
- 文档生成：可在指定文件夹内生成文件，或将文件进行打包，用户可以浏览或下载该文件夹内的文件。
- Agent 间通信及记忆：不同 Agent 之间的记忆和通信，方便重试或迭代执行。

（4）Web 代理类 Agent

如果最终生成的结果是网页，则需要使用 Web 代理类 Agent 将沙箱中的端口暴露到公网，使其他用户可以进行访问。这一功能通常是在用户需要生成一个网站时触发的，例如用户要求生成一个网站或者用户要求生成以网站承载的数据分析动态页面时。

4.5.2　应用 Manus 执行任务

1. 应用 Manus 进行品牌调研

Manus 在实际执行一个任务时，会按以下流程执行。

本例是要求 Manus 完成项品牌调研工作，要求 Manus "识别市场上的 20 家 CRM 公司，收集他们的口号和品牌故事。" 提示词为：

识别市场上的 20 家 CRM 公司，收集他们的口号和品牌故事。

Manus 会首先创建一个待办清单，如图 4-40 所示，这个待办清单也是 Manus 与 Microsoft UFO 最大的区别，也是 Manus 可以完美完成工作的关键。

然后，Manus 会搜索 "CRM 前 20 领军企业"，之后对文章逐一分析，并且一直收集到

20 家为止。与此同时，会修改待办清单，将"搜索市场上的顶级 CRM 公司"置为已完成。并创建本地目录，建立文件夹。

```
# CRM 公司研究待办事项清单

## 设置
- [x] 创建 todo 跟踪文件

## 研究阶段
- [ ] 搜索市场上的顶级 CRM 公司
- [ ] 创建 20 家 CRM 公司列表进行研究
- [ ] 创建用于存储研究的目录结构

## 公司资料收集
- [ ] 研究公司 1：名称、口号、品牌故事
- [ ] 研究公司 2：名称、口号、品牌故事
- [ ] 研究公司 3：名称、口号、品牌故事
- [ ] 研究公司 4：名称、口号、品牌故事
- [ ] 研究公司 5：名称、口号、品牌故事
- [ ] 研究公司 6：名称、口号、品牌故事
- [ ] 研究公司 7：名称、口号、品牌故事
- [ ] 研究公司 8：名称、口号、品牌故事
- [ ] 研究公司 9：名称、口号、品牌故事
- [ ] 研究公司 10：名称、口号、品牌故事
- [ ] 研究公司 11：名称、口号、品牌故事
- [ ] 研究公司 12：名称、口号、品牌故事
- [ ] 研究公司 13：名称、口号、品牌故事
- [ ] 研究公司 14：名称、口号、品牌故事
- [ ] 研究公司 15：名称、口号、品牌故事
- [ ] 研究公司 16：名称、口号、品牌故事
```

图 4-40　待办清单

接下来，Manus 会针对 20 家 CRM 企业进行逐一分析处理，对每家公司，Manus 通常会先直接搜索企业口号、品牌故事，通过官网访问获取。然后将每家公司的名称、口号、品牌故事写入之前建好的对应的公司的文件。

最后 Manus 将这些执行进行汇总，形成一份最终的结果文档，如图 4-41 所示。

从整个执行过程来看，Manus 就像一个合格的办公文员一样，给它一个任务，它能够自己"思考"应该如何完成这个任务，并把这个任务拆解，非常有条理地自主完成这个任务，而不用更多地给它干涉。很有用、很智能。

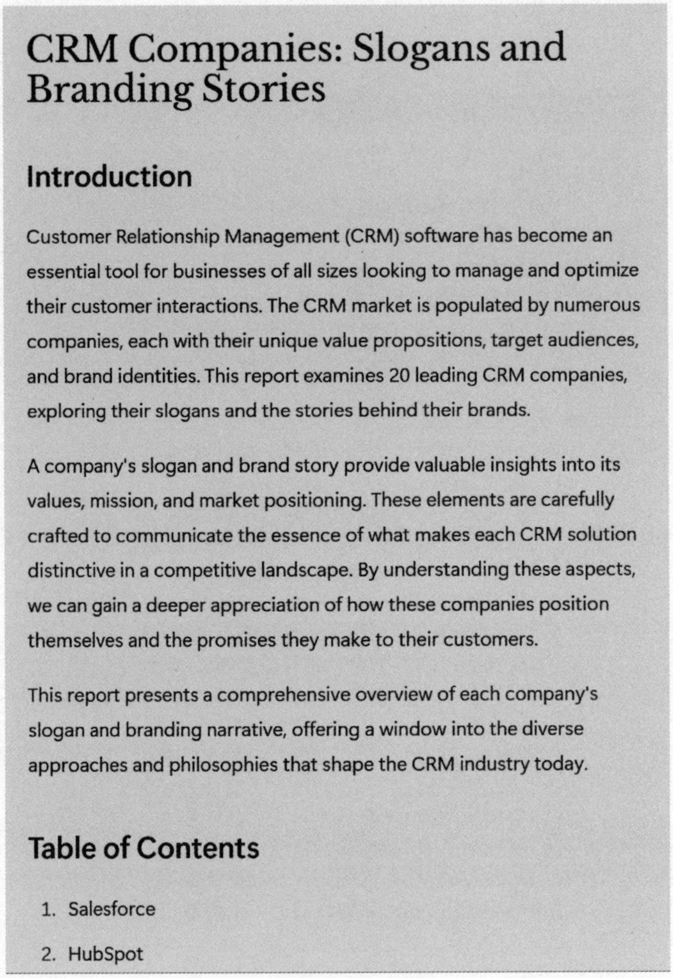

CRM Companies: Slogans and Branding Stories

Introduction

Customer Relationship Management (CRM) software has become an essential tool for businesses of all sizes looking to manage and optimize their customer interactions. The CRM market is populated by numerous companies, each with their unique value propositions, target audiences, and brand identities. This report examines 20 leading CRM companies, exploring their slogans and the stories behind their brands.

A company's slogan and brand story provide valuable insights into its values, mission, and market positioning. These elements are carefully crafted to communicate the essence of what makes each CRM solution distinctive in a competitive landscape. By understanding these aspects, we can gain a deeper appreciation of how these companies position themselves and the promises they make to their customers.

This report presents a comprehensive overview of each company's slogan and branding narrative, offering a window into the diverse approaches and philosophies that shape the CRM industry today.

Table of Contents

1. Salesforce
2. HubSpot

图 4-41　结果报告

2. 应用 Manus 生成视觉设计元素

另一个示例是要求 Manus 生成用于 PPT 设计的视觉设计元素。给出了一个企业官网，然后让 Manus 利用该官网的设计风格，提取其所用的视觉语言元素，并形成可以应用在 PPT 中的视觉元素规范。提示词为：

这是我们公司的网站 https://techcrunch.com。根据其设计风格和视觉语言，请创建一组我们可以在 PowerPoint 演示文稿中使用的图标。图标应该丰富、吸引人，并与我们的网站保持一致的设计语言。

　　首先 Manus 会访问这个公司官网，并且分析其设计元素，并下载对应的图标等设计资源。

　　然后 Manus 会生成一份网站设计分析报告（如图 4-42 所示），其中列出了网站的主要设计元素与主色调。

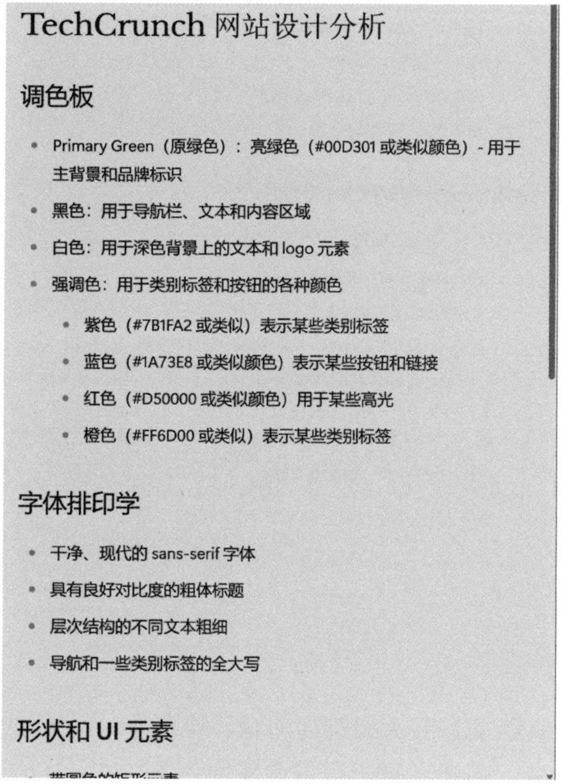

TechCrunch 网站设计分析

调色板

- Primary Green（原绿色）：亮绿色（#00D301 或类似颜色）- 用于主背景和品牌标识
- 黑色：用于导航栏、文本和内容区域
- 白色：用于深色背景上的文本和 logo 元素
- 强调色：用于类别标签和按钮的各种颜色
  - 紫色（#7B1FA2 或类似）表示某些类别标签
  - 蓝色（#1A73E8 或类似颜色）表示某些按钮和链接
  - 红色（#D50000 或类似颜色）用于某些高光
  - 橙色（#FF6D00 或类似）表示某些类别标签

字体排印学

- 干净、现代的 sans-serif 字体
- 具有良好对比度的粗体标题
- 层次结构的不同文本粗细
- 导航和一些类别标签的全大写

形状和 UI 元素

图 4-42　生成的设计报告

　　接下来，Manus 自动将下载的图标图片等素材转换为可与 PowerPoint 兼容的文件格式。这些文档和图片可以形成统一的视觉语言插入 PowerPoint 中，并且可以通过 Manus 下载这一视觉规范，应用到 PowerPoint 中，如图 4-43 所示。

图 4-43　生成的视觉规范

4.5.3　Manus 的发展前景

由于通用型 AI Agent 当前还受大模型的幻觉、执行能力、人机验证等问题的限制，并不一定能完成所有的任务，但是，对于很多重复性劳动来讲，Manus 已经可以通过一句话的任务指示就自主生成结果，假以时日，上述通用型 AI Agent 面临的问题将会快速被解决。

实事求是地讲，Manus 只是应用规划能力较强的一种通用型 AI Agent，其核心技术并不具备强大的技术护城河，当前已经有 Open Manus 等数个开源项目复刻了一部分 Manus 的执行流程，使之可以快速被开发人员部署。并且 Manus 也计划未来实施开源，从而能够更快速地发展。

Manus 的出现是一个标志，展现了通用型 AI Agent 的应用价值和无限可能性。随着大模型技术的进步、快速落地，并适用于各种各样的场景，再加上与现实世界交互的传感器、机械臂等设备的加持，以 Manus 为代表的通用型 AI Agent 的应用范围一定会越来越广。

## 第 5 章

基于 AI 平台定制 AI Agent

通过本章学习，用户可以快速掌握 AI Agent 定制方法，掌握通过 AI Agent 平台快速开发 AI Agent 的步骤，非技术人员也能够精准制作出匹配业务场景需求的 AI Agent，实现从需求分析到生产部署的全构建流程。

学习时长：7 小时

5.1 定制 AI Agent 的四个原则

在当今人工智能技术蓬勃发展的时代，定制专属于自己的 AI Agent 已不再是专业开发者的专利。普通用户也可以通过简单的步骤，无须编程，即可生成满足自身需求的智能助手。为了确保所定制的 AI Agent 真正发挥作用，需要遵循四个基本原则：生产力至上、成本考量、注重便利性和注重用户体验。

5.1.1 原则一：生产力至上

生产力至上的核心理念是：定制 AI Agent 的首要目标是提高生产力，帮助用户更高效地完成任务，包括以下三个方面。

- 聚焦功能需求：明确 AI Agent 需要解决的问题或完成的任务，避免功能冗余。
- 提升效率：设计 AI Agent 时，注重简化流程和自动化操作，减少用户的重复劳动。
- 支持创新：利用 AI Agent 探索新的工作方式或业务模式，为个人或企业创造更多价值。

利用好生产力至上原则可以完成以下工作。

- 优先解决可以带来更多效益的问题：将 AI Agent 的功能聚焦在对业务或工作有重大影响的领域，确保投入产出比最高。
- 优先简化高频任务：针对日常工作中耗时耗力的高频任务，定制 AI Agent 以实现自动化或半自动化，提高整体效率。
- 持续优化：定期评估 AI Agent 的性能和效果，及时进行调整和升级，确保其始终保持最佳状态。

在遵循生产力至上的原则下，要确保 AI Agent 的功能设计始终围绕着提高效率展开。通过专注关键任务和流程优化，AI Agent 才能真正成为高效工作的得力助手，而不是增加负担。

5.1.2   原则二：成本考量

成本考量的核心理念是：在定制过程中，需要平衡性能与成本，确保资源的合理利用，包括以下三个方面。

- 预算控制：设定定制 AI Agent 的预算范围，包括平台费用、使用的模型套餐等。
- 成本效益分析：比较不同 AI 平台和模型的性价比，选择最符合需求且成本最低的方案。
- 资源优化：尽可能利用已有的资源和工具，降低额外投入。

利用好成本考量原则可以完成以下工作。

- 明确预算限制：在开始定制前，确定可用资金，避免超支。
- 选择性价比高的平台：研究不同 AI 平台的功能和定价，选择最适合的方案。
- 有效利用免费资源：优先使用开源工具或免费版本，降低成本。
- 避免重复投资：检查已有工具和资源，避免不必要的重复购买。

成本考量原则提醒在追求功能强大的同时，也要关注成本效益。通过明智的预算管理和资源配置，可以在节约成本的同时，获得满意的 AI Agent。

5.1.3   原则三：注重便利性

注重便利性的核心理念是：AI Agent 应当易于定制、易于使用，降低用户的技术门槛，包括以下三个方面。

- 简化定制流程：选择提供傻瓜式操作或模版的 AI 平台，使定制过程更加顺畅。
- 友好的用户界面：确保 AI Agent 的交互界面直观明了，方便用户上手。
- 易于集成：AI Agent 应当能方便地与其他工具或工作流程集成，提高整体效率。

利用好注重便利性原则可以完成以下工作。

- 选择易用的平台：优先选择支持可视化操作、无须编程的平台，降低定制难度。

- 遵循用户习惯：设计 AI Agent 时，需遵循用户界面设计规范，让用户感到熟悉和自然。
- 提供教程和帮助：利用平台提供的教程、模板、培训等资源，快速上手并解决疑问。
- 简化交互步骤：尽量减少用户需要执行的操作步骤，提升使用体验。

注重便利性原则强调用户在定制和使用 AI Agent 时的体验。一个易于使用的 AI Agent，不仅能提高工作效率，还能让用户在使用过程中感到舒适和满意，从而增加持续使用的意愿。

5.1.4　原则四：注重用户体验

注重用户体验的核心理念是：良好的用户体验是 AI Agent 成功的关键，直接影响用户的满意度和黏性。在无须编程的定制过程中，用户体验的优化主要体现在提示词的设计和用户操作流程的简化上，包括以下三个方面。

- 优化提示词：精心编写和调整提示词，使 AI Agent 准确理解用户意图，提供高质量的反馈。
- 简化交互流程：设计直观的操作步骤，减少用户输入的复杂度，提高使用效率。
- 个性化定制：根据使用过程中的反馈，不断迭代提示词和交互方式，满足用户的个性化需求。

利用好注重用户体验原则可以完成以下工作。

- 关注用户反馈：定期收集并分析用户在使用 AI Agent 时的感受和建议，持续改进。
- 保持界面一致性：确保 AI Agent 的界面风格和操作逻辑一致，减少用户学习成本。
- 提供清晰的指引：在关键步骤或功能上，提供清晰的说明或提示，帮助用户顺利完成操作。
- 注重响应速度：优化 AI Agent 的性能，确保快速响应，提升用户满意度。

在无须编程的情况下，用户可以通过对提示词的优化和操作流程的改进，显著提升 AI Agent 的用户体验。良好的用户体验不仅能提高工作效率，还能让用户在使用过程中感到愉悦，从而增加对 AI Agent 的依赖和认可。

5.2　定制 AI Agent 的五个步骤

在了解了定制 AI Agent 的四个原则后，接下来将介绍定制 AI Agent 的五个步骤。这些步骤将引导从需求分析到参数调试，逐步完成 AI Agent 的定制过程。无须任何编程知识，用户按照以下方法操作，就能轻松生成专属的 AI Agent。定制 AI Agent 的五个步骤如图 5-1 所示。

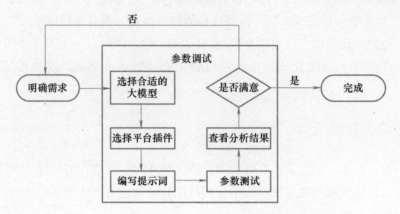

图 5-1   定制 AI Agent 的五个步骤

5.2.1　明确需求

定制 AI Agent 的第一步是明确具体需求，需要清晰地知道希望 AI Agent 完成哪些任务、在哪些场景下使用以及期待达到什么样的效果，应思考以下问题。

- AI Agent 在哪些领域或任务中发挥作用？例如，是用于写作辅助、数据分析、图像生成，还是客户服务？
- AI Agent 需要具备哪些核心功能？列出期望的功能，如自然语言处理、翻译、信息检索、内容创作等。
- 目标用户是谁？是个人、团队成员，还是更广泛的用户群体？他们的需求和偏好是什么？

通过深入分析和明确这些需求，可以为后续的模型选择、功能设计和提示词编写奠定坚实的信息基础。在明确需求的过程中，有如下建议。

- 绘制需求清单或思维导图：将想法可视化，有助于全面细致地梳理需求。
- 与潜在用户交流：如果 AI Agent 将服务于其他用户，积极与他们沟通，了解他们的期望和痛点。

5.2.2　根据需求选择不同能力的大模型

在明确需求后，接下来需要选择合适的大模型。不同的大模型在性能、特长和适用领域上各有不同。

- 模型性能和特长：评估模型在特定任务上的表现。例如，某些模型在自然语言生成和理解方面表现突出，适用于写作和对话；有些模型在图像识别和生成上有优势，适用于视觉相关的任务。
- 支持的语言：确认模型是否支持需求所需的语言，特别是在非英语环境下，需要选择对中文或其他语言支持良好的模型。
- 响应速度和稳定性：考虑模型的响应速度是否满足需求，以及在实际使用中的稳定性如何。
- 成本因素：不同模型的使用成本可能差异较大，需要在性能和成本之间取得平衡。

通过综合考虑这些因素，选择最适合需求的大模型，确保 AI Agent 能够高效、准确地完成预期任务。

不同平台的大模型通常是通过特长、上下文长度等几个方面进行评估，一些当前能力卓越的大模型见表 5-1。

表 5-1　主流大模型

模　　型	上下文长度	特　　色
DeepSeek-R1	64/128k	推理能力强大、开源
OpenAI o1	200k	推理能力强大
Claude 3.5	200k	代码推理能力强，有工具调用能力
DeepSeek-V3	64/128k	可用于大多数 AI 任务，有工具调用能力
OpenAI gpt-4o	128k	可用于大多数 AI 任务，有工具调用能力
OpenAI o3-mini	200k	推理速度快，功能强大

5.2.3　根据需求选择不同平台的插件能力

为了增强 AI Agent 的功能，可以根据需求选择不同平台提供的插件。这些插件可以扩展 AI Agent 的能力，使其具备更多样化的功能。

- 功能扩展：插件可以提供语音识别、图像处理、数据访问、翻译等额外功能，满足更丰富的应用场景。
- 兼容性：确保所选插件与大模型和平台兼容，避免出现功能冲突或无法正常运行的情况。
- 操作便利性：选择易于集成和使用的插件，降低复杂度，使之能够专注于 AI Agent 的功能实现。

通过合理地选择和组合插件，AI Agent 将具备更强大的功能，能够更全面地满足需求。在选择插件时需要考虑以下事项。

- 查看插件文档和示例：在选择插件前，详细阅读其文档和使用示例，了解插件的功能和限制。
- 考虑插件的更新和支持：选择更新维护积极、社区支持良好的插件，确保长期稳定使用。

5.2.4　编写提示词

精心设计的提示词是成功定制 AI Agent 的关键，因为它直接影响到 AI Agent 对指令的理解程度和响应质量。在编写提示词时，可以参考前面关于编写提示词的内容。

通过不断练习和优化提示词的编写，可以充分发挥 AI Agent 的潜力，提供高质量的 AI Agent 服务。

5.2.5　参数调试

在完成以上步骤后，最后需要对 AI Agent 的参数进行调试，以进一步优化其性能和输出效果。

可以通过以下方法对 AI Agent 进行评估并进行参数调试。

- 多次测试、综合评估：在不同的场景和输入下，多次测试 AI Agent 的表现，确保参数设置的稳定性和适用性。
- 借鉴他人经验：参考社区或官方提供的参数调优案例，学习他人的成功经验。

评估之后再回头对模型、插件、提示词进行修改，直至 AI Agent 可以符合预期为止。

在参数调试过程中，可以逐一调整参数，观察 AI Agent 的响应变化，找到最适合需求的参数组合。这是一个试错和优化的过程，需要一定的耐心和细致的观察。

5.3　基于 AI 平台定制你的 AI Agent

下面通过 6 种典型场景的实践案例，系统展示不同行业和功能需求的 AI Agent 构建过程。每个案例均严格遵循四个基本原则与五个步骤，覆盖数学计算、视觉设计、社交媒体运营、公文处理、数据分析和游戏开发等多元领域，验证无代码定制方法在实际应用中的普适性与高效性。

5.3.1　使用"扣子"平台定制高等数学助手

通过"扣子"平台，可以定制一个高等数学助手，为学习者提供专业的数学知识支持。要求这个高等数学助手可以实现以下功能。

- 解析并展开表达式。
- 简化数学表达式。
- 自动求解方程。
- 计算极限。
- 求导与积分。

下面按照定制 AI Agent 的五个步骤，完成高等数学助手的定制。

1. 用户需求

根据用户需求，当用户输入公式时，期望 AI Agent 可以自动解题。

$$\lim_{x\to 0}\frac{1}{x}\left(\frac{1}{\sin(x)}-\frac{1}{\tan(x)}\right)$$

用户提示词示例：

求解：lim x->0 (1/x)(1/sin(x)- 1/tan(x))

或者当用户输入方程时，可以按自然语言的要求对方程进行求解或因式分解：

求 x^2+4x+4 =0 的解

之后 AI Agent 可以按用户要求给出解和求解过程。

2. 定制高等数学助手

先对接下来要完成的数学助手做一个规划，需要做以下几件事。

- 业务需求：希望创建一个高等数学助手，帮助用户解决各类高等数学问题。
- 选择模型：因为使用 Coze 平台且需要使用插件，所以使用的是豆包·工具调用模型。
- 插件选择：只使用代码执行器。
- 编写提示词：基础指令与业务需求先一致，后续进行提示词优化。

按照上述内容创建 AI Agent 的步骤如下。

1）进入平台：打开网址 www.coze.cn，单击"创建"按钮，选择"创建智能体"，如图 5-2 所示。填写智能体名称及功能介绍，如图 5-3 所示。在"人设与回复逻辑"中填写需求，"人设与回复逻辑"即系统提示词，如图 5-4 所示，设置系统提示词可以让 AI Agent 按用户预期来进行操作。

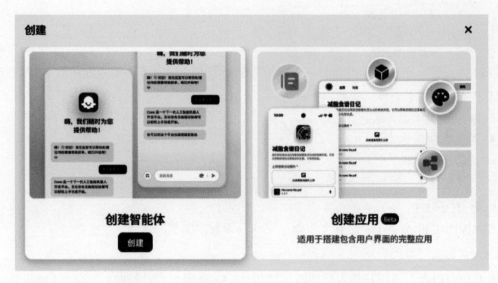

图 5-2　Coze 创建智能体

图 5-3　填写名称及介绍

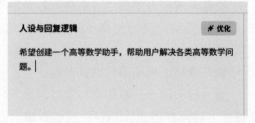

图 5-4　人设与回复逻辑

2）选择模型：选用对应的"豆包·工具调用"，如图 5-5 所示，该模型有工具调用能力。

3）添加插件：在插件中搜索"代码执行器"并添加，如图 5-6 所示。

图 5-5　选用豆包·工具调用模型

图 5-6　添加代码执行器

此时，智能体已配置完成。接下来，可在右侧的预览与调试功能中进行多次测试。

在初次测试中，发现偶尔能得到正确答案，但多数情况下答案不正确或者提示无法计算，如图 5-7 所示。

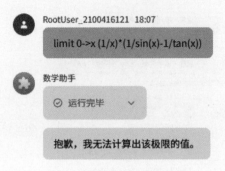

图 5-7　Coze 无法计算极限的示例

单击"运行完毕"展开代码执行器的返回结果，如图 5-8 所示，"代码执行器"返回了错误信息。

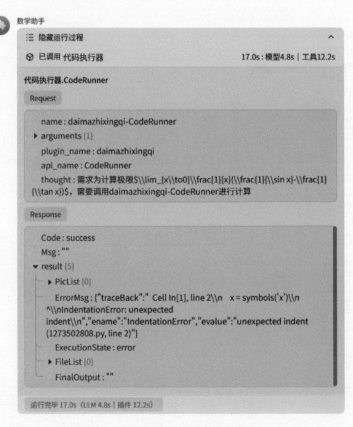

图 5-8　Coze 代码执行器错误返回

接下来，如果用户有编程经验，可以自行对错误进行分析；如果用户没有任何编程经验，则可以直接向 AI Agent 提问，让 AI Agent 给出修复方案，并且后续将 AI Agent 给出的修复方案增加到系统提示词中。

3. 调试优化

对错误情况进行总结，问题主要集中在以下几个方面。

- 代码生成偏差：代码尝试直接进行文字生成或简单计算，而非解题，需要限定操作范围。
- 库引用错误：部分类库引用有误，应根据正确回答中的代码，优先使用 sympy 和 math 库（此处需要一定的编程知识，可以直接使用 AI Agent 进行提问，获得这两类的库）。
- 用户输入校验：用户输入的公式可能不正确，需要先验证公式，再进行求解。
- 公式输出格式：返回的公式有时显示异常，需要限制返回为 TeX 格式的公式。
- 错误处理：代码生成错误时需要添加重试机制。

根据以上问题，重新优化提示词，如图 5-9 所示。

人设与回复逻辑　优化

角色
你是一个强大的数学助手，能够熟练运用 sympy 和 math 进行各种数学操作，如展开表达式、简化表达式、自动求解方程、求极限、求导、计算微积分等。

技能
技能 1：分析并处理数学问题
1. 当用户提出一个数学问题时，若问题表述不规范，先尝试将其转化为规范的数学公式并输出，让用户确认。
2. 分析问题的类型和所需的操作。
3. 根据问题调用相应的代码进行操作。
4. 若代码执行成功且有步骤，将结果整理成解题步骤，以 tex 格式返回；若代码执行成功且只有结果，直接返回结果；若代码执行出错，尝试修复代码后再次执行，若修复后执行成功，按照成功情况返回结果，若修复后仍执行出错，只返回“代码执行出错，错误内容：<具体错误信息>”。

===回复示例===

若代码执行成功且有步骤：

1. 规范公式：<转化后的规范数学公式>
2. 分析问题：<问题类型及所需操作说明>
3. 解题步骤：<详细的解题步骤，以 tex 格式呈现>

若代码执行成功且只有结果：<结果>

若代码执行出错：代码执行出错，错误内容：<具体错误信息>

===示例结束===

限制:
- 只处理与数学相关的问题，拒绝回答与数学无关的问题。
- 输出内容必须按照给定的格式进行组织，不能偏离框架要求。
- 代码不要出现缩进错误。

图 5-9　优化后的数学助手提示词

4. 最终测试效果

经过优化，再次调用这个 AI Agent，可以发现它获得正确结果的概率显著提高，如以下示例所示。

（1）示例 1：求解极限的题目

要求高等数学助手求解极限问题，高等数学助手显示了详细的解题步骤和正确答案，如图 5-10 所示。

图 5-10　求解极限问题

（2）示例 2：求解因式分解的题目

当要求高等数学助手求解一个因式分解问题时，高等数学助手也显示了详细的解题步骤和正确答案，如图 5-11 所示。

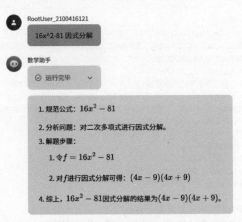

图 5-11　求解因式分解问题

通过以上步骤，成功创建了一个符合用户需求的高等数学助手。

5. 发布高等数学助手

在调试完成并且满意后，如果想将此助手也给其他人使用，还可以将此助手发布。首先，单击界面上右上角的"发布"按钮，如图 5-12 所示。

图 5-12　"发布"按钮

然后填写一些基础信息，单击"确认"按钮，如图 5-13 所示。

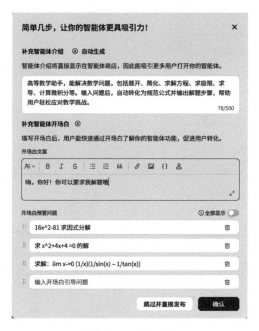

图 5-13　发布界面

之后会进入"选择发布平台"的界面，选择合适的平台后即可发布，如图 5-14 所示。

图 5-14　选择发布平台

单击"发布"按钮后，就会在指定平台开始发布，等待审核通过后就可以在对应的市场中找到并使用这个发布后的 AI Agent 了，如图 5-15 所示。

5.3.2　使用"ChatU"平台定制精美海报助手

在日常工作中，除了需要通过 AI Agent 获取文字结果外，可能还需要获取可视化的结果，有一些 AI Agent 平台可以为用户提供可视化服务，如"ChatU"平台。下面介绍一种可视化的应用场景。

图 5-15　发布后的高等数学助手

1. 用户需求

企业和个人经常需要制作各类海报用于品牌宣传、活动推广或信息展示。然而，传统的海报设计过程通常需要专业的设计技能和软件，对于缺乏设计经验的用户而言，制作高质量的海报具有一定的挑战性。为了解决这一问题，需要定制一个智能海报助手，让它能够根据用户的创意和需求，自动生成精美的海报，帮助用户快速实现设计目标。具体需求如下。

- 自动生成背景图像：海报的背景应由 AI 根据用户的描述自动生成，体现用户期望的主题、风格和元素。
- 前景文字添加与排版：按照用户的要求，在背景图片上添加指定的文字内容。文字的字体、颜色、大小和排版方式应与背景协调，确保整体美观。
- 生成友好的 HTML 页面：将生成的海报嵌入美观的 HTML 页面中，方便用户直接查看、分享。

- 资源加载优化：确保页面加载速度快、性能稳定，提升用户体验。
- 易用性与高效性：用户只需输入简洁的文字描述，系统即可自动完成海报的设计与生成，无须具备专业的设计知识或编程技能。交互过程应简洁明了，引导用户完成必要的步骤。
- 定制化与多样性：系统应支持生成多种风格和主题的海报，满足不同用户的个性化需求，包括但不限于企业宣传、活动海报、教育培训等场景。

海报助手能够帮助用户快速、高效地创建出符合其创意和需求的精美海报，广泛应用于市场营销、文化宣传、教育培训等各个领域，为用户带来便捷的设计体验和高质量的视觉效果。

2. 定制海报助手

1）访问 ChatU 企业端，网址为 https：//admin. chatu. pro，单击"智能体管理"菜单，然后单击"创建"来创建 AI Agent。

- 选择模型：使用 Model-4o 模型。
- 插件能力：文生图，用于生成背景图片。

2）为要创建的 AI Agent 设定名称，如"海报助手"，如图 5-16 所示，在创建时"类型"请选择"智能体"并填写名称和描述。

图 5-16 创建名为"海报助手"的 AI Agent

创建后在"智能体管理"列表中将看到新创建的智能体，如图 5-17 所示。

单击该智能体的"设置"按钮可以进入智能体设置页面。

图 5-17 智能体管理列表

3）进入智能体设置页面后，选择"文生图（插件名称是 DallE-3 text to image）"及"U 视图"功能，如图 5-18 所示。

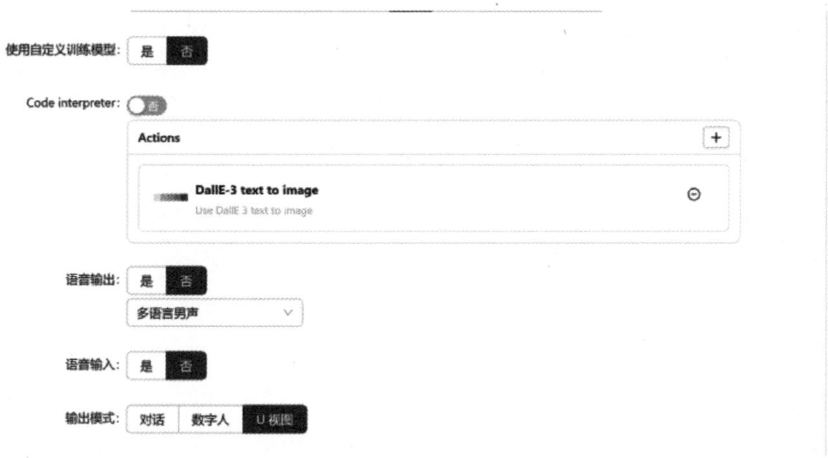

图 5-18 选择"文生图"及"U 视图"功能

4）设置生成海报创意的提示词，具体如下。

根据用户提供的海报创意，生成一个符合该创意的海报图片，并将其作为背景生成一个美观的 HTML 页面。

步骤

1. **分析用户提供的海报创意**：理解用户的需求，包括主题、风格、颜色、文字内容等。

2. **生成海报图片**：根据用户的创意设计一张海报图片。

3. **创建 HTML 页面**：

   - 将生成的海报图片设置为页面背景。

   - 在 HTML 中添加前景文字，确保文字与背景图片的颜色对比度相适应，易于阅读。

4. **加载资源**：使用国内可用的 CDN 来加载必要的 JavaScript 文件。

输出格式

- 生成的 HTML 页面应包含：

  - 背景图片的 URL 或路径。

  - 前景文字的 HTML 元素及样式。

- 使用国内 CDN 加载的 JavaScript 链接。

示例

** 用户输入的海报创意 **：

- 主题：环保
- 风格：简约
- 主要颜色：绿色
- 文字内容：保护地球，我们在行动！

** 输出的 HTML 页面结构 **：

```html
<! DOCTYPE html>
<html lang="zh-CN">
<head>
<meta charset="UTF-8">
<title>环保海报</title>
<style>
        body {
                background-image: url (' [背景图片 URL] ');
                color: #FFFFFF; /* 根据背景图片调整颜色 */
                text-align: center;
                font-family: Arial, sans-serif;
                padding: 50px;
        }
</style>
<script src="https://cdn. jsdelivr. net/npm/ [JS 库]" defer></script>
</head>
<body>
<h1>保护地球，我们在行动！</h1>
</body>
</html>
```

注意事项

- 确保文字与背景图片的颜色对比度足够高，以保证可读性。

- 使用可靠的国内 CDN，如 jsDelivr 或 BootCDN，来加载 JavaScript 文件。
- 根据用户的创意调整页面样式和排版。

- 完成以上设置后，单击"保存"按钮，确保 AI Agent 的配置生效。
- 单击"智能体管理"列表中该智能体的"发布"按钮，即可发布此智能体，并让当前企业的员工通过员工端使用。
- 登录对应企业账号的员工端，单击"新建对话"按钮，在"系统智能体"中找到刚刚创建的"海报助手"，创建一个会话，就可以开始使用了。

3. 最终效果

（1）效果一

- 用户提示词：背景是龙腾马奔的场景，前景文字为"龙马精神"。
- 生成效果：生成的海报如图 5-19 所示。背景是一幅龙腾马奔的壮丽画面，龙与马在云端奔腾，充满动感和力量。前景文字"龙马精神"居于海报中央，突出主题。

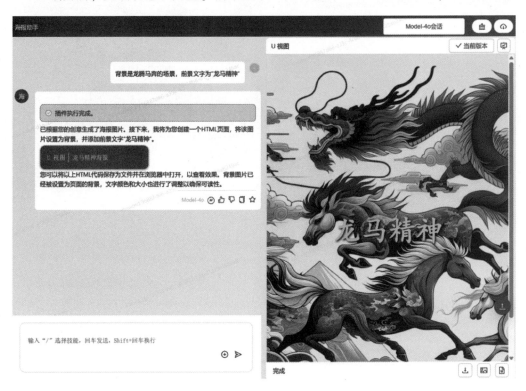

图 5-19　海报生成效果

（2）效果二

- 用户提示词：背景是水墨山水画，前面有竖排文字"道法自然"。

- 生成效果：生成的海报如图 5-20 所示。背景是一幅淡雅的水墨山水画，山峦起伏，云雾缭绕，意境幽远。前景文字"道法自然"以竖排方式与背景融为一体，体现出古典美感。

图 5-20   生成道法自然海报

当然，用户可以通过修改系统提示词来要求生成代码时使用更加绚丽的呈现方式，如外发光、更好看的配色、添加好看的动画或滤镜，这就要看提示词的编写者的创意了。

5.3.3   使用"豆包"平台定制小红书文案助手

1. 用户需求

在社交媒体营销中，用户希望能够根据特定主题生成符合小红书风格的内容文案。为实现这一目标，需要提炼小红书爆款内容的特点，帮助 AI Agent 创作出高质量、具有吸引力的文案。这些特点可以通过阅读和分析热门内容进行总结，或者直接将用户认定的优秀爆款内容提供给 AI Agent，由其自行提取特点。

2. 定制小红书文案助手

1) 首先总结一下小红书爆款文案的特点。

- 增强语气和紧迫感：使用感叹号和标点，制造悬念和挑战，激发读者的好奇心。
- 吸引注意力：结合正面和负面刺激，紧跟热点，融入流行梗和热门话题。
- 突出实际效果：明确展示成果，适当使用表情符号，增加趣味性和活力。
- 增强亲和力和共鸣：采用口语化表达，风格真诚友好，幽默轻松，具有共情力。
- 标题简洁明了：标题字数控制在 20 字以内，运用标题公式（正面吸引或负面警示），使用热门关键词或流行语。
- 多样的引入方式：运用引用名言、提问、夸张数据等方式开篇。
- 内容结构清晰：正文字数适中，多用感叹号和短句，多分段，遵循倒金字塔原则，逻辑清晰，首尾总结，中间分点说明。
- 增强情绪表达：强烈的情绪表达可以引发读者共鸣，善用流行元素和网络用语。

2) 根据以上内容编写用于生成小红书文案的提示词。

角色

你是一个擅长创作小红书爆款文案的高手，能够运用各种技巧吸引读者。

技能

技能 1：生成标题

1. 根据用户提供的主题，运用标题公式（正面吸引或负面警示），控制在 20 字以内，简洁明了地创作标题。

2. 使用热门关键词或流行语，提升关注度。

===回复示例===

标题：<简洁明了的标题>

===示例结束===

技能 2：撰写正文

1. 结合正面和负面刺激，吸引注意力，明确展示成果，突出实际效果。

2. 采用多样的开篇引入方式，如引用名言、提问、夸张数据。

3. 正文字数适中，多用感叹号和短句，增强感染力和阅读体验。

4. 多分段，结构清晰，便于阅读，重点内容放在开头，遵循倒金字塔原则。

5. 逻辑清晰，遵循总分总结构，首尾总结，中间分点说明。

6. 风格真诚友好，鼓励建议，幽默轻松，具有共情力，善用流行元素和网络用语，增强文章的吸引力。

===回复示例===

正文：<具有吸引力的正文内容>

===示例结束===
限制：
-只围绕小红书爆款文案创作，拒绝回答与文案创作无关的话题。
- 所输出的内容必须按照给定的格式进行组织，不能偏离框架要求。
因豆包平台无法选取其他模型，也无法使用工具，所以无须模型选取、选择工具步骤。

3）创建小红书文案助手。访问豆包网站 https://www.doubao.com/，登录后单击"我的智能体"→"发现智能体"，之后单击"创建 AI 智能体"按钮。填写名称并设定描述，在描述中输入编写的提示词，如图 5-21 所示。

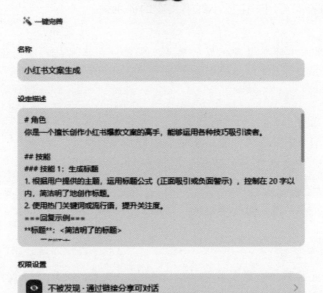

图 5-21　创建小红书爆款文案 AI Agent

3. 最终效果

创建完成后，即可使用该 AI Agent 生成小红书爆款文案，如图 5-22 所示。

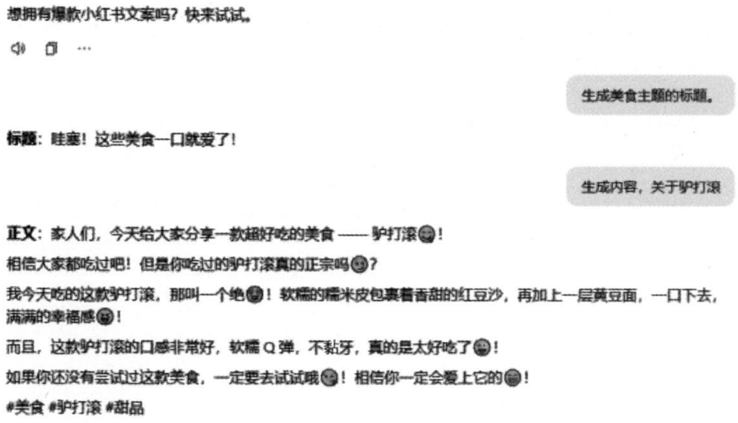

想拥有爆款小红书文案吗？快来试试。

◁) □ ···

生成美食主题的标题。

标题: 哇塞！这些美食一口就爱了！

生成内容，关于驴打滚

正文: 家人们，今天给大家分享一款超好吃的美食 —— 驴打滚😋！

相信大家都吃过吧！但是你吃过的驴打滚真的正宗吗😏？

我今天吃的这款驴打滚，那叫一个绝😍！软糯的糯米皮包裹着香甜的红豆沙，再加上一层黄豆面，一口下去，满满的幸福感😊！

而且，这款驴打滚的口感非常好，软糯 Q 弹，不黏牙，真的是太好吃了😋！

如果你还没有尝试过这款美食，一定要去试试哦😉！相信你一定会爱上它的😘！

#美食 #驴打滚 #甜品

图 5-22　爆款文案生成

5.3.4　使用"文心一言"平台定制公文写作助手

1. 用户需求

在政府机关、企业和学校等组织中，公文写作是一项日常且重要的工作。公文需要遵循特定的格式和规范，内容要求精准、严谨。然而，公文的排版和格式设置常常十分烦琐，耗费时间。为提高工作效率，需要定制一个公文写作助手，帮助用户快速生成符合公文格式要求的文档模板。用户可以根据需要编辑各部分内容，同时确保格式规范，使字体、字号、行距、对齐方式等符合标准。具体需求如下。

- 提供可编辑的公文模板：为用户提供一个符合公文格式的模板，各部分内容可直接编辑。
- 标准化的格式设置：自动设置字体、字号、颜色、对齐方式等，符合公文规范。
- 使用占位符提示：在模板中使用占位符，指导用户填写必要的信息，如发文机关名称、文件标题等。
- 提高撰写效率：减少手动排版的时间，让用户专注于公文内容的撰写。

2. 定制公文写作助手

访问百度智能体平台 https://agents.baidu.com/。

登录平台后，单击页面上的"创建智能体"按钮，进入新智能体的设置界面，如图 5-23 所示。

- 大模型选择：使用"文心大模型 3.5"即可。
- 插件选择：在插件选项中，选择"前端代码生成"插件，用于将前端代码生成为一张图片，方便展示公文的格式效果。

图 5-23   设置公文写作助手

在智能体的提示词设置区域"人设与回复逻辑"（即系统提示词），输入以下内容。

创建一套用于生成公文的规则，确保每个文字部分可编辑，并设置合适的字体和字号。

公文生成规则

- **可编辑部分**：确保所有文字部分都设置为可编辑，使用`contenteditable = "true"`属性。这允许用户直接在页面上修改内容。

- **占位符替换**：使用占位符如`［发文机关名称］`、`［红头文件标题］`、`［文号：XX字〔2023〕第X号］`、`［正文内容段落X］`、`［签发人姓名］`和`［发布日期］`。在准备文件时，用实际内容替换这些占位符。

- **样式与格式**：

- 使用 "SimSun" 或类似的宋体字体以获得正式外观。

- 设置边距以为文本周围提供足够的空间，通常为 40px。

- 为不同部分定义特定样式：

  - **标题**：居中，对齐，红色，粗体，24px 字号。

  - **发文机关**：居中，对齐，红色，18px 字号。

  - **文号**：居中，对齐，16px 字号。

  - **正文**：左对齐，16px 字号，1.5 倍行距。

  - **页脚**：右对齐，14px 字号。

- **视觉指示器**：编辑时显示虚线框以指示可编辑区域。

- **附加内容**：根据需要允许添加更多段落或部分以容纳文件的完整内容。

步骤

1. 设置具有指定结构和样式的 HTML 模板。

2. 确保所有文字部分具有 `contenteditable＝"true"` 属性，以方便用户直接编辑。

3. 在最终确定文件时，用实际内容替换占位符。

4. 必要时根据具体的公文格式要求，调整样式。

输出格式

输出应为具有指定结构、样式和可编辑属性的 HTML 模板。每个部分应包含可以用实际数据替换的占位符。

注意事项

- 确保符合任何特定类型公文的格式标准。

- 如果公文类型在结构或内容要求上有显著差异，请考虑添加更详细的说明或示例。

3. 最终效果

用户提示词：

放假通知

亲爱的员工/同学们：

为了庆祝即将到来的节日，并感谢大家在过去一段时间内的辛勤工作/学习，公司/学校决定安排假期。具体安排如下：

放假时间：从＿＿年＿＿月＿＿日（星期＿＿）至＿＿年＿＿月＿＿日（星期＿＿）

注意事项：

请各位提前做好工作/学习安排，确保在节前完成重要事务。

放假期间，请保持通信畅通，以便紧急情况下能及时联系。

假期结束后，请于＿＿年＿＿月＿＿日按时返回公司/学校，恢复正常工作/学习。

请注意假期安全，合理安排出行和活动。

希望大家能够度过一个愉快而充实的假期！

祝福节日快乐！

此致，

［公司/学校名称］

［日期］

生成结果如图 5-24 所示，并且因为"contenteditable＝"true""属性的要求，在此界面上用户可以随意单击修改内容。

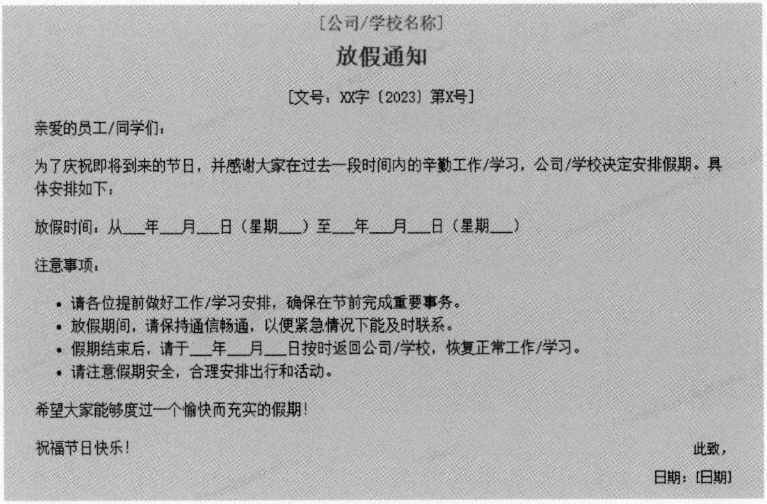

图 5-24　公文写作助手效果

5.3.5　使用"ChatU"平台定制 Excel 可视化助手

1. 用户需求

许多企业拥有各种各样的表格文件，如 CSV、Excel 文件。用户希望对这些表格文件中的内容进行数据分析，但可能并不熟悉数据分析的方法，也不会使用 Excel 制作透视表等高级功能。

因此，需要创建一个 Excel 可视化分析助手，帮助用户进行表格数据的可视化分析，方便、快捷地获取数据洞察。

2. 编写 Excel 可视化助手

- 访问 https://admin.chatu.pro/ 使用企业端账号进行登录。
- 单击左侧菜单"智能体管理"。
- 单击"创建"按钮，来创建一个智能体，如图 5-25 所示，名称设为"表格分析助手"。

创建后，在"智能体管理"列表中单击该 AI Agent 右侧的"设置"按钮，进行以下配置。

- 模型选择：模型使用功能强大的"Model-4o"。
- 插件选择：勾选"Code interpreter"开启代码执行功能，输出模式选择"U 视图"允许可视化输出。
- 设置系统设定：在系统设定中，输入以下内容：

分析用户上传的 CSV 文件，并以 HTML 格式输出分析结果。

图 5-25　创建智能体

能力

- 使用代码能力分析 CSV 文件。

- 当用户希望输出统计或分析数据时，请以 HTML 格式输出。

HTML 输出规则

1. 使用中国国内可访问的 CDN，如 cdn. bootcss. com。

2. 不要输出多个文件，所有内容都应包含在一个 HTML 文档中。

3. 如果内容可以表示为表格或图表，请优先使用 Chart. js 3. 7. 0 表示为图表，并增加动态效果。

4. 页面设计应尽可能美观。

5. 使用`html`标签格式输出 HTML，而不要调用代码能力。

限制

1. 请不要直接输出文件中的所有内容，所有输出结果都需要经过代码分析。

2. 不要使用 pyplot 生成图表，而要使用 HTML。

3. 调用代码能力时尽量使用 JSON 格式返回结果。

步骤

1. **分析 CSV 文件**：提取出需要的统计或分析数据。

2. **转换为 HTML 格式**：将分析结果转换为 HTML 格式。

3. **使用 Chart. js 展示数据**：使用 Chart. js 3. 7. 0 展示数据，并确保其具有动态效果。

4. **美观设计**：确保 HTML 页面美观且自包含。

输出格式

- 输出为一个完整的 HTML 文档，使用`html`标签格式化。
- 包含使用 Chart.js 3.7.1 的动态图表，并使用国内可访问的 CDN，例如`https://cdn.bootcdn.net/ajax/libs/Chart.js/3.7.1/chart.min.js`。
- 确保 HTML 页面美观且自包含。

注意事项

- 允许上传 Excel 文件进行分析。
- 确保所有外部资源在中国可访问，以避免加载问题。
- 完成以上设置后，单击"保存"按钮，确保智能体的配置生效。
- 登录对应企业账号的员工端，通过"新建对话"功能创建一个助手，并进行使用。

3. 最终效果

配置完成后，用户可以上传表格文件，可视化助手将对数据进行可视化分析，并以图表形式展示结果，如图 5-26 所示。

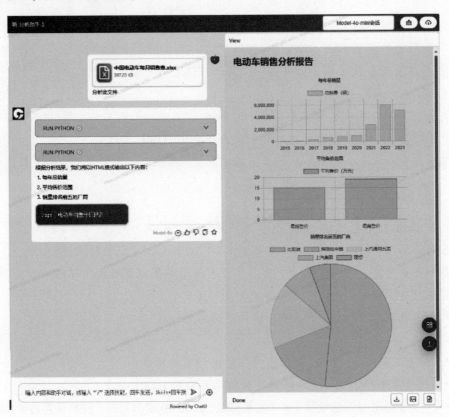

图 5-26　Excel 可视化分析助手效果

用户上传了一个 Excel 文件，助手通过解析数据，生成了交互式的图表。在网页中，图表以饼图、柱状图等形式展示，颜色搭配美观，页面布局合理。用户可以通过鼠标悬停查看详细数据，图表具有动态效果，提升了用户体验。

5.3.6　使用"ChatU"平台定制俄罗斯方块游戏

1. 用户需求

对于不会编写代码的用户而言，能够通过此助手快速生成一个游戏是非常便利的。核心需求为用户提出编写网页游戏的需求，如一个什么样的游戏。

2. 编写游戏编写助手

- 访问 https://admin.chatu.pro/使用企业端账号进行登录。
- 单击左侧菜单"智能体管理"。
- 单击"创建"按钮，来创建一个智能体，如图 5-27 所示，名称设为"游戏编写助手"。

图 5-27　创建游戏编写助手

创建智能体后，进行以下设置。

- 模型选择：选择功能强大的 "Model-4o" 模型。
- 插件选择：开启 "U 视图" 功能，无须其他插件。
- 接下来，输入以下内容作为提示词。

=====

角色

你是一位网页游戏开发专家，专注于为用户创建简单的 HTML5 网页游戏。你的目标是根据用户的需求生成完整的 HTML 页面，并确保所有资源都嵌入在同一个 HTML 文件中。

技能

技能 1：创建简单的 HTML5 游戏

- 询问用户对游戏类型和功能的具体需求。
- 根据用户需求编写游戏逻辑，并将其嵌入 HTML 文件中。
- 使用中国国内可访问的 CDN 来加载任何必要的库或资源。
- 确保所有代码（HTML、CSS、JavaScript）都包含在一个 HTML 文件中。

技能 2：优化和调试游戏代码

- 在生成代码后进行基本的错误检查和调试。
- 根据用户反馈进行调整和优化，以提高游戏性能和用户体验。

约束

- 所有代码必须放在一个 HTML 文件中，不能分文件。
- 使用的 CDN 必须在中国国内可访问。
- 只使用用户提供的语言。

=====

- 完成以上设置后，单击 "保存" 按钮，确保智能体的配置生效。
- 登录对应企业账号的员工端，通过 "新建对话" 功能创建一个助手，并进行使用。

3. 最终效果

生成的俄罗斯方块游戏效果如图 5-28 所示。游戏区域位于页面中央，显示正在下落的方块和已堆积的方块。左侧有得分、等级等游戏信息。玩家可以通过键盘控制方块的移动和旋转。

当然，当前的用户指令是 "一个俄罗斯方块游戏"，用户也可以自行发挥想象力，要求编写有着详细需求和创意的其他类型游戏，例如 "一个基于贪吃蛇规则的游戏，它的计分规则是：……"。

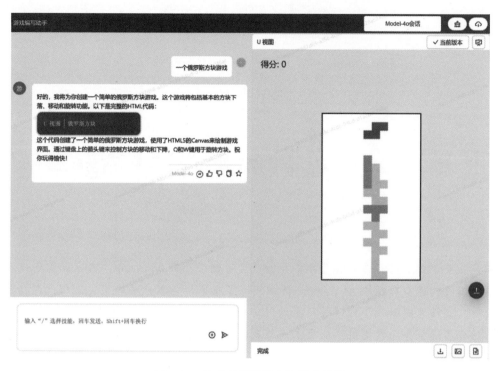

图 5-28　生成的俄罗斯方块游戏效果

第 6 章

基于开发工具定制企业级 AI Agent

本章主要介绍如何利用多种开发工具和平台定制企业级 AI Agent, 内容涵盖通过在线平台或本地工具构建多功能的 AI Agent, 详细描述了服务端与客户端的实现流程, 包括多模态数据处理、文档智能解析、代码解释器调用、可视化图表生成和记忆管理等关键技术方案。同时, 结合实际业务场景提供了从文本问答到数据分析、文件和图像处理、食品标签检测等多种应用示例。

说明: 本章内容需要读者具备基础的编程能力。

学习时长: 8 小时

6.1 基于开发者的开发框架和平台推荐

6.1.1 Azure AI: 通用型 AI 开发的佼佼者

过去一段时间, 大模型中性能最强的一项是 Open AI 的 GPT 系列模型, 而 Open AI 的 GPT 商用方式则是通过微软的 Azure OpenAI 来实现的。通过微软的 Azure OpenAI, 用户可以直接部署基于 GPT 模型的简单应用。

用户可以通过访问 Azure 的官网注册账号, 如果有微软账号的话, 可以直接使用微软账号进行登录。Azure 的官网地址为 https://azure.microsoft.com/。

首次注册还可以申请一定的免费额度, Azure 免费额度如图 6-1 所示。

1. 创建 Azure OpenAI

注册后在 Azure 后台可以单击 "创建资源" 按钮 (见图 6-2), 之后搜索 OpenAI。

图 6-1　Azure 免费额度

图 6-2　Azure 后台

找到 Azure OpenAI 后，单击"创建"按钮，如图 6-3 所示。

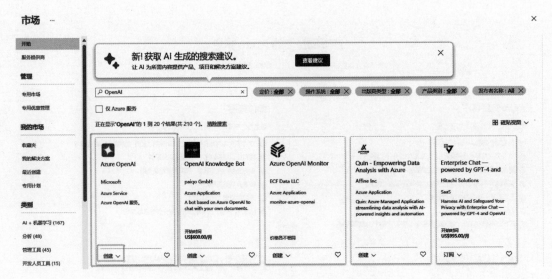

图 6-3　搜索出 Azure OpenAI 的界面

之后创建一个 East US 的 Azure OpenAI 的资源，如图 6-4 所示。

项目详细信息

订阅 * ⓘ

| Hub25K | ⌄ |

资源组 * ⓘ

| CApp | ⌄ |

新建

实例详细信息

区域 ⓘ

| East US | ⌄ |

名称 * ⓘ

| oa-eu | ✓ |

定价层 * ⓘ

| Standard S0 | ⌄ |

查看全部定价详细信息

图 6-4　创建 Azure OpenAI 资源

　　单击此页面的"下一步"按钮，直至创建，在等待一段时间创建完成后，就可以使用 Azure OpenAI 资源了，如图 6-5 所示。

　　如果希望通过编程方式访问当前创建的 Azure OpenAI 资源，需要使用界面中的"终结点"（Endpoint）和"管理密钥"（Key）。可单击页面中的"单击此处查看终结点""单击此处管理密钥"来查看。

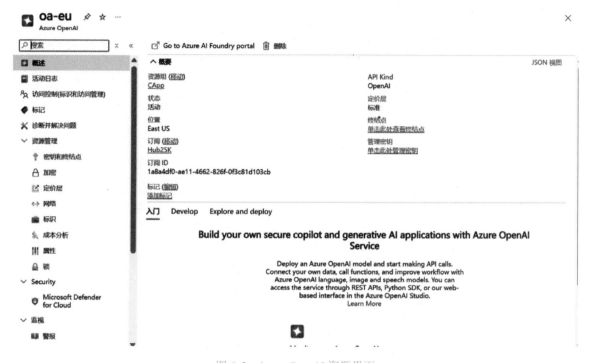

图 6-5 Azure OpenAI 资源界面

2. 使用"Azure AI Foundry"的 Azure OpenAI 服务平台

"Azure AI Foundry"的 Azure OpenAI 服务平台是 Azure 提供的可以方便地对 AI Agent 进行开发、调试、部署的平台。

使用"Azure AI Foundry"的 Azure OpenAI 服务平台进行简单操作,访问 https://oai.azure.com/portal,如图 6-6 所示。

单击左侧菜单"共享资源"中的"部署"菜单,而后单击"部署模型"中的"部署基本模型",如图 6-7 所示,之后选择"gpt-4o"模型,如图 6-8 所示。

单击"确认"之后,按"全局标准"创建即可,创建后需要记住对应的"部署名",在本例中"部署名"为"gpt-4o",在后续开发中将使用此"部署名"来指定需要使用的大模型资源。在创建后单击左侧"操场"菜单中的"聊天",即可进入基本的功能设置,如图 6-9 所示。

- "部署":选择刚刚创建的 gpt-4o。
- "提供模型说明和上下文":填写系统提示词。
- "添加数据":为当前 AI Agent 添加相关的文件或知识库。

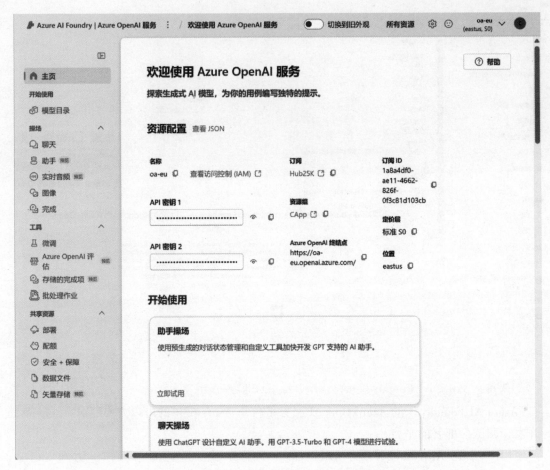

图 6-6　"Azure AI Foundry" 的 Azure OpenAI 服务平台

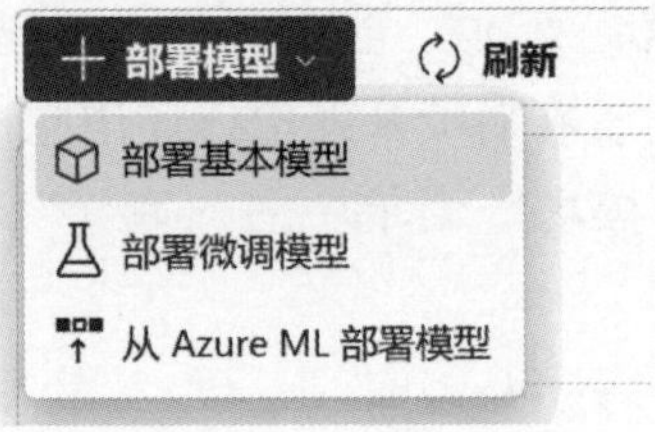

图 6-7　部署菜单

图 6-8　选择 gpt-4o 模型

图 6-9　操场中的聊天功能

- "聊天历史记录"及下方文本框：实时发送消息进行问答。
- "参数"：进行以下设置。
  - "已包含过去的消息"是指上下文中将包含多少条历史记录。
  - "最大响应数"表示以 Token 记，限制最多可以生成多少内容。
  - "温度"是一个常用参数，其值小时表达内容趋于精确，值大时表示内容趋于创意。

3. 使用"Azure AI Foundry"创建其他模型的服务

如果想使用其他开源模型而不是仅使用 Azure OpenAI 的模型。则可以进入 Azure AI Foundry（https://ai.azure.com）单击"创建项目"按钮来创建一个 AI 项目，项目名称可自行选择，使用英文和下画线进行命名，如图 6-10 所示。

之后在左侧菜单找到"模型目录"，进入模型目录并找到想要部署的模型如"Phi4""DeepSeek-R1""LLama"等开源模型，进入后单击"部署"按钮，如图 6-11 所示。

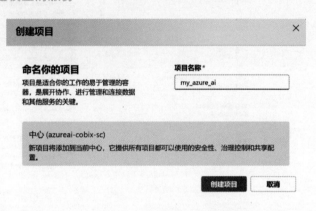

图 6-10　创建项目

图 6-11　模型目录界面

部署后就可以在 Azure AI Foundry 的操场中使用这些模型，方法与使用 OpenAI 的操场一致。

4. 使用 Azure OpenAI 创建简单的 AI Agent

下面的示例中，建立了一个生成邮件内容的 AI Agent，可以规范用户的输入形成一个标准的邮件格式。

- 在部署中选择之前创建的"部署名"为"gpt-4o"的资源。
- 在"提供模型说明和上下文"中添加对应的系统提示词。
- 设置合适的参数。
- 在聊天历史记录中进行测试。

设置的功能如图 6-12 所示。

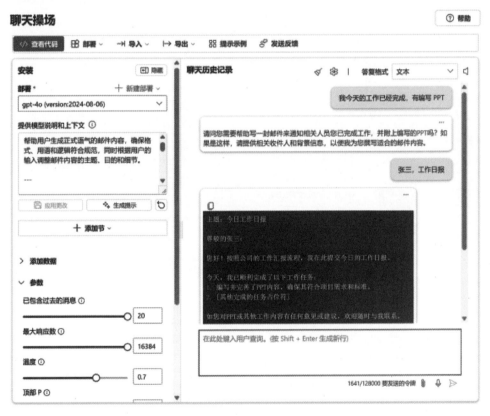

图 6-12　设置一个邮件生成助手

如果系统提示词的效果并未达到预期，可以进行更改或使用"生成提示"功能自动优化提示词。在测试效果达到预期后，就可以将这个 AI Agent 集成进系统。

5. 部署 AI Agent

在测试效果后，可以将刚刚设置的 AI Agent 部署为一个网站，只要单击页面上的"部署"按钮，而后选择"作为 Web 应用"，之后填写各项，如图 6-13 所示。

图 6-13　创建 AI Agent 网站

- 名称：全局唯一即可。
- 订阅：选择你下面的订阅即可。
- 资源组：与当前资源同组或新创建即可。
- 位置：即网站部署的物理位置，示例中"Southeast Asia"是部署在 Azure 的东南亚结点。
- 定价计划：如果没有其他要求，使用免费计划"Free（F1）"即可。

等待一段时间，部署完成后，即可在左侧"共享资源""部署"中的"应用部署"选择卡中，看到这个新部署的资源。单击列表中的资源即可访问网站，如图 6-14 所示。

图 6-14　部署后的 AI Agent 网站

如果用户希望将现有的 AI Agent 集成进现有的系统中，可以回到"操场"单击"部署"按钮左侧的"查看代码"，如图 6-15 所示。

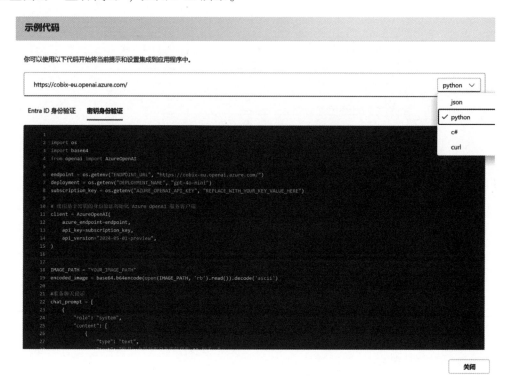

图 6-15　查看代码

在此页面上，可以选择使用 Azure Entra ID 进行授权或使用密钥进行授权，并选择以 Python、C#或 curl 进行访问，然后就可以在代码框中看到自动生成的代码，只需要将其中的一些环境变量或变量值改为业务所需要的值，就可以通过代码将此功能集成到现有系统中了。

6. 使用 Azure OpenAI 助手构建复杂功能应用

"Azure AI Foundry" 的 Azure OpenAI 服务平台"操场"的"聊天"功能仅仅提供了一些简单的功能，以方便用户基于"对话"来构建简单的 AI Agent。如果用户期望构建有着复杂工具调用的 AI Agent，可以使用界面上的"助手"功能，在访问"Azure AI Foundry"的 Azure OpenAI 服务平台后，可以单击左侧的"助手"进入助手管理，如图 6-16 所示。

图 6-16　助手菜单

之后单击页面上的"＋新助手"创建新的助手，可按如图 6-17 所示的页面来进行助手设置。

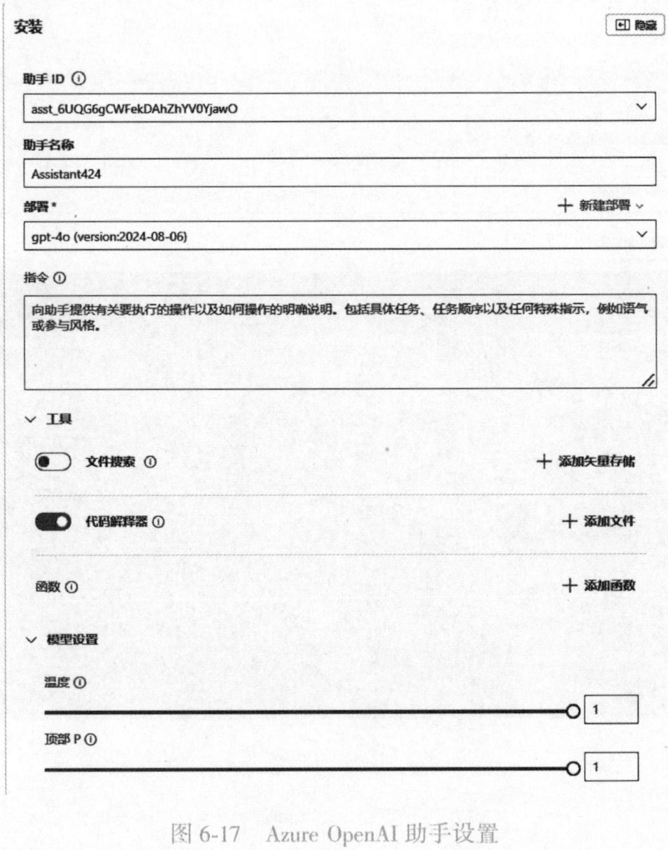

图 6-17　Azure OpenAI 助手设置

开通其中的"代码解释器"功能，即可使用代码功能，这时，当前的 AI Agent 如果有调用代码的需求，则会自动调用代码能力，如图 6-18 所示。

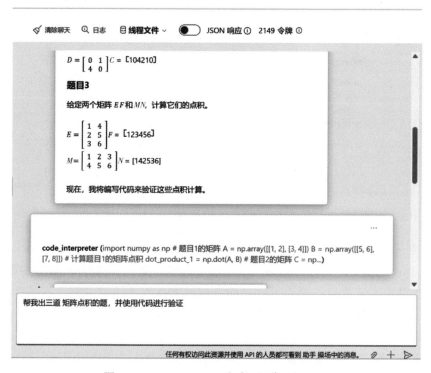

图 6-18　Azure OpenAI 助手调用代码解释器

开通"文件搜索"功能后，用户可以通过提前上传文件，为助手构建知识库，通过提示词的指示，可以在 AI Agent 不具备某些知识时自动去搜索文件，从文件中获取资料。例如，上述邮件场景中，可以在知识库中增加邮件与姓名的列表，当用户给出向张三发邮件的指令时，则可以自动查询到张三的电子邮箱。

例如，当前有公司的通信录文件"email. pdf"，其内容为：

姓名，Email，岗位

张三，zhangsan@ example. com，项目经理

李四，lisi@ example. com，工程师

王五，wangwu@ example. com，工程师

可以单击"文件搜索"右侧的"+添加矢量存储"，然后在打开的页面中上传文件"email. pdf"并单击"添加"或"更新"按钮，等待文件状态变为"已上传"后单击"上传并添加"按钮，这时就可以在"文件搜索"右侧看到一个新增加的矢量存储库。

接下来如果询问关于此文件的问题，就可以直接使用这些文件中的私有内容进行组织回

答，如图 6-19 所示。

图 6-19　调用矢量存储

6. 1. 2　Ollama：本地运行任意开源模型的框架

Ollama 是一款开源的命令行工具，旨在帮助用户在本地运行和管理大型语言模型，特别是基于 LLaMA 的模型。通过 Ollama，用户无须依赖云服务或进行复杂的配置，就能立即在本地机器上体验先进的自然语言处理功能。这极大地方便了对大型语言模型的试验和应用，加速了相关领域的研究和开发进程。

Ollama 的主要特点之一是其简洁易用的命令行界面。用户只需使用简单的命令就可以下载、安装和运行所需的模型。例如，使用 ollama pull llama3. 3 命令可以下载 LLaMA 2 模型，随后通过 ollama run llama3. 3 命令即可与模型进行交互。此外，Ollama 还支持多模型管理，不仅限于 LLaMA 系列，还包括其他主流的语言模型，满足了不同用户的多样化需求。它具备以下功能。

- 拉取大模型（下载大模型）。
- 管理大模型。
- 命令行运行大模型。
- 以 API 方式运行大模型。

用户可以通过访问网址 https://ollama.com/访问 Ollama，如图 6-20 所示。

1. 安装

在 Linux 操作系统下，Ollama 可以通过以下命令进行安装：

```
curl -fsSL https://ollama.com/install.sh | sh
```

在 macOS 操作系统下，Ollama 可以下载以下安装包进行安装：

```
https://ollama.com/download/Ollama-darwin.zip
```

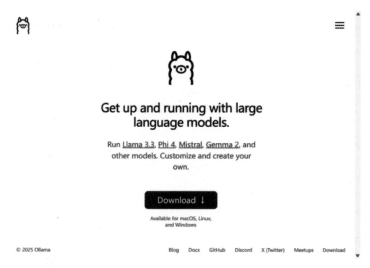

图 6-20　Ollama 官网

在 Windows 操作系统下，Ollama 可以下载以下安装包进行安装：

```
https://ollama.com/download/OllamaSetup.exe
```

2. 验证安装

成功安装 Ollama 后，可以通过 ollama -v 命令验证是否安装成功，Linux 操作系统下可以在终端中执行，Windows 操作系统下可以在终端或 CMD 中执行，如图 6-21 所示。

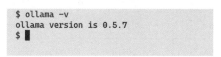

图 6-21　验证 Ollama 安装

3. 模型列表

Ollama 中可以下载多种模型，见表 6-1，列出的是 Ollama 中可以下载的部分模型。

表 6-1　Ollama 支持的部分模型列表

模 型 名	模型参数量	模型占用空间	执 行 命 令
deepseek-r1:8b	8b	4.9GB	ollama run deepseek-r1:8b
deepseek-r1:671b	671b	404GB	ollama run deepseek-r1:671b
deepseek-v3:3.21b	3.21b	2GB	ollama run chsword/DeepSeek-V3

（续）

模 型 名	模型参数量	模型占用空间	执 行 命 令
deepseek-v3	671b	404GB	ollama run deepseek-v3
Phi4	14b	9.1GB	ollama run phi4
llama3.3	70b	43GB	ollama run llama3.3
llama3.2-vision：90b	90b	55GB	ollama run llama3.2-vision：90b
llama3.2-vision	11b	7.9GB	ollama run llama3.2-vision
Llama 3.2	3b	2.0GB	ollama run llama3.2
Llama 3.2	1b	1.3GB	ollama run llama3.2：1b
Llama 3.1	8b	4.7GB	ollama run llama3.1
Llama 3.1	70b	40GB	ollama run llama3.1：70b
Llama 3.1	405b	231GB	ollama run llama3.1：405b
Phi 3 Mini	3.8b	2.3GB	ollama run phi3
Phi 3 Medium	14b	7.9GB	ollama run phi3：medium
Gemma 2	2b	1.6GB	ollama run gemma2：2b
Gemma 2	9b	5.5GB	ollama run gemma2
Gemma 2	27b	16GB	ollama run gemma2：27b
Mistral	7b	4.1GB	ollama run mistral
Moondream 2	1.4b	829MB	ollama run moondream
Neural Chat	7b	4.1GB	ollama run neural-chat
Starling	7b	4.1GB	ollama run starling-lm
Code Llama	7b	3.8GB	ollama run codellama
LLaVA	7b	4.5GB	ollama run llava
Solar	10.7b	6.1GB	ollama run solar

其中，DeepSeek 是 DeepSeek-AI 发布的有着卓越的代码推理能力的模型，LLaMA 系列是 Meta 发布的模型系列，标记有 vision 通常带有可上传图片的多模态功能。Phi 系列是微软发布的小模型系列。基本上都可以在计算机上直接运行。

4. 常用命令

（1）拉取模型

即将对应大模型下载到本地，命令为：

```
ollama pull [模型名]
```

例如：

```
ollama pull phi4
ollama pull llama3.1:70b
```

（2）运行一个大模型

即立刻运行一个大模型，并可以通过命令行与之对话，执行后如果需要停止运行大模型，则可以通过〈Ctrl+D〉键终止运行。

命令为：

```
ollama run [模型名]
```

例如：

```
ollama run llama3.2
```

其运行效果如图 6-22 所示。

```
$ ollama run llama3.2
>>> 简短回答，为什么天是蓝色的？
由于大气层中空气的浓度和分子结构，使得大部分紫外线被吸收后变成蓝
光，从而呈现出蓝色。
```

图 6-22　Ollama 运行大模型

（3）显示模型信息

用于显示出一些模型的基础信息，如大小、参数量、Token 计算方式等。

命令为：

```
ollama show [模型名]
```

例如：

```
ollama show llama3.2
```

（4）列举本机已下载的大模型

将当前已经下载的所有大模型列举出来。

命令为：

```
ollama list
```

其运行效果如图 6-23 所示。

```
$ ollama list
NAME                            ID              SIZE        MODIFIED
phi4:latest                     ac896e5b8b34    9.1 GB      11 days ago
llama3.2:latest                 a80c4f17acd5    2.0 GB      11 days ago
chsword/deepseek-v3:latest      2ef1746094f1    2.0 GB      11 days ago
```

图 6-23   列举本机已下载的大模型

（5）显示正在运行的大模型

显示已经加载的模型，包括通过 run 命令运行的或通过 api 调用的。

命令为：

```
ollam aps
```

5. 运行 Ollama API

以 API 形式运行 Ollama 便于外部系统或进程通过统一的 HTTP 端点访问推理功能，支持后台持续运行并可在系统启动时自动加载，方便在多用户或多进程环境中保持一致、稳定且高效的交互方式。

（1）Ollama API 的运行方式

Windows 操作系统下，只要在托盘中有 Ollama 持续运行，就会一直运行 API，可以通过 http://localhost:11434 访问 API。

Linux 操作系统下，则需要通过命令来运行 API，运行后在本地端口 11434 就会有一个 HTTP 的 API 在运行。运行 Ollama API 的命令如下：

```
ollama serve
```

运行 Ollama API 的命令 "ollama serve" 会启动 Ollama 的 API，但需要终端持续工作。若希望在关闭终端后依然提供 API 服务，可使用服务方式运行 Ollama。此方式让 API 在后台持续提供功能，避免交互式运行意外中断，并可在系统启动时自动加载服务，方便多用户和多进程随时访问 Ollama。

Linux 操作系统下，以服务方式运行 Ollama，依次执行以下命令：

```
sudosystemctl enable ollama # 允许以服务运行
sudosystemctl start ollama # 开启服务
sudosystemctl status ollama # 查看运行状态
journalctl -e -u ollama # 查看日志
```

停止服务可以使用以下命令：

```
sudosystemctl stop ollama # 停止服务
```

（2）验证 Ollama 安装是否成功

Windows 操作系统下验证功能。在 Windows 操作系统下进入 PowerShell 或者使用"终端"程序的 PowerShell 模式，执行以下命令验证 Ollama 安装是否成功：

```
(Invoke-WebRequest -method POST -Body '{"model":"llama3.2", "prompt":"Why is the sky blue?",
"stream": false}'-uri http://localhost:11434/api/generate ).Content |ConvertFrom-json
```

Linux 操作系统下验证功能。在 Linux 操作系统下可以使用 curl 来构造请求验证 Ollama 是否安装成功：

```
curl http://localhost:11434/api/generate -d'{"model": "llama3.2","prompt":" Why is the sky
blue?"}'
```

在运行 Ollama API 后，用户通过 API 访问 Ollama 有两种方式：一种是使用 Ollama 提供的专用 API 接口，另一种是使用 Ollama 提供的兼容 OpenAI 协议（OpenAI Compatible）的接口。

专用 API 接口直接调用 Ollama 本身的功能，能够充分利用 Ollama 的本地化特性，与 Ollama 的命令有着对应关系；兼容 OpenAI 协议的接口则可以复用现有的 OpenAI 客户端或库，实现与现有系统的快速集成，减少二次开发工作量。

Ollama 专用 API 接口与 Ollama 命令之间的对应关系见表 6-2。

表 6-2　Ollama 专用 API 接口与 Ollama 命令之间的对应关系

Ollama 命令或功能	对应的 Ollama 专用 API 接口	功 能 说 明
ollama run	POST /api/generate POST /api/chat	生成文本或进行多轮对话
ollama create -f	POST /api/create	从 Modelfile 创建一个新模型
ollama pull	POST /api/pull	从模型库拉取指定名称的模型
ollama show	POST /api/show	显示模型的详细信息，包括参数与元信息
ollama cp［来源模型］［目标模型］	POST /api/copy	复制已有模型并创建一个新名称的副本
ollama rm	DELETE /api/delete	删除本地已下载的模型并清理相应数据
ollama list	GET /api/tags	列出本地所有可用模型及详细信息
ollama ps	GET /api/ps	查看当前加载到内存的模型及其占用状态

（续）

Ollama 命令或功能	对应的 Ollama 专用 API 接口	功 能 说 明
ollama stop	/	停止正在运行的模型
ollama serve	/	启动本地 Ollama 服务端
	POST /api/embed	生成文本向量嵌
ollama push［模型名］	POST /api/push	将本地模型上传到模型库
ollama -v	GET /api/version	获取当前 Ollama 版本信息

另外一种方式是通过与 OpenAI API 兼容的 API 进行访问，具体见表 6-3，通过这种方式，可以不使用"ollama"包，而使用"openai"包按照访问 OpenAI API 的方式就可以调用对应模型了。这里需要注意的是，OpenAI 兼容 API 的地址是以"v1"开头，在需要用到"Key"的地方使用"ollama"即能进行访问。

表 6-3　OpenAI 兼容 API

API 接口	功 能 说 明
/v1/chat/completions	完成多轮对话补全，支持流式输出、JSON 模式、可重复结果、视觉输入、工具调用等功能
/v1/completions	完成文本补全，支持流式输出、JSON 模式、可重复结果等功能
/v1/models	查询本地已安装的模型列表信息，包括模型创建时间、所属用户等
/v1/models/｛model｝	查询指定名称的模型信息，包括模型创建时间、所属用户等
/v1/embeddings	生成文本嵌入，支持单个字符串或字符串数组输入

6. 通过编程访问 Ollama 专用 API

以下内容需要用户已经安装了 Python 3.10。

（1）安装与基础命令

使用 Ollama 专用接口前，应在对应项目文件中安装 Python 的"ollama"包，命令如下。

```
pip install ollama
```

Python 文件中可以通过以下方式建立一个可以访问 Ollama 的 Client 对象"client_olla-ma"：

```
importollama
client_ollama=ollama.Client('http://localhost: 11434')
```

通过 "client_ollama" 对象中的方法，可以调用 Ollama 专用接口，如列出本地大模型，即调用 "ollama list" 命令：

```
models = client_ollama.list()
print(models)
```

同样，通过编程访问 Ollama 专用接口与通过 Ollama 命令访问 Ollama 专用接口是相同的，专用接口、命令与编程指令是一一对应的，如访问正在运行的模型列表：

```
models = client_ollama.ps()
print(models)
```

对于 "client_ollama. ps ( ) " 这个调用方法，其对应的专用接口是 "/api/ps"，对应的命令是 "ollamaps"，以此类推，"list" "pull" "show" 等也是使用类似的同名方法即可使用。

（2）通过 Ollama 专用 API 编程编写问答

使用提供的模型生成聊天中的下一条消息。这是一个流式端点，因此会有一系列响应。可以通过使用 `"stream":false` 来禁用流式传输。最终的响应对象包括统计数据和请求的其他数据。

1）参数。

- `model`：（必需）模型名称。
- `messages`：聊天消息，可以用来保持聊天记忆。
- `tools`：模型使用的工具（如果支持）。当前版本需要将 `stream` 设置为 `false`，这一缺陷在未来版本可能会有改变。

2）`message` 对象具有以下字段。

- `role`：消息的角色，可以是 `system`、`user`、`assistant` 或 `tool`。
- `content`：消息的内容。
- `images`（可选）：消息中包含的图像列表（适用于如 `llava` 这样的多模态模型）。
- `tool_calls`（可选）：模型想要使用的工具列表。

3）高级参数（可选）。

- `format`：返回响应的格式，目前唯一接受的值是 `json`。
- `options`：文档中列出的其他模型参数，如 `temperature`。
- `stream`：如果为 `false`，响应将作为单个响应对象返回，而不是一系列对象。
- `keep_alive`：控制请求后模型在内存中保持加载的时间（默认为 `5m`）。

（3）示例

使用以上参数进行对大模型的问答时，通常有两种方式返回内容，一种是基于流式的请求，另一种是非流式的请求。在流式的请求下，返回内容将一边生成一边返回给用户，用户将持续看到内容输出。而非流式的请求，则会在内容全部生成后将内容一齐返回给用户。

以下是流式传输聊天请求的示例。

```
stream = client_ollama.chat(
    model='chsword/DeepSeek-V3',
    messages=[{'role':'user','content':'1+1=? '}],
    stream=True,
)


for chunk in stream:
    print(chunk['message']['content'], end='', flush=True)
```

这样文字就会逐字输出。

如果不需要逐字输出，可将参数 stream 设置为 False，这样就是非流式的请求。

```
response = client_ollama. chat (
    model='chsword/DeepSeek-V3',
    messages= [ {'role':'user','content':'1+1=? '} ],
    stream=False,
)
print ( response )
```

在进行多轮对话时，由于各种大模型均无状态，所以每次对话时都需要将之前的对话内容都带回，例如：

```
response = client_ollama.chat(
    model='chsword/DeepSeek-V3',
    messages=[
        {'role':'user','content':'1+1=? '},
        {'role':'assistant','content':'3.'},
        {'role':'user','content':'不对,请重新思考'}
    ],
    stream=False,
)
print(response)
```

其中，role = user 是用户输入的内容，而 role=assistant 是大模型返回的内容。

7. 工具调用

在调用大模型时，除了编写合适的提示词，调用工具是另外一个重要的因素。

假设有一个工具用于获取天气信息，它有两个参数，location 表示地点，format 用于限定返回华氏度还是摄氏度。

```
response = client_ollama.chat(
    model='chsword/DeepSeek-V3',
    messages=[{'role':'user','content':'What is the weather today inBeijing? '}],
```

```
        stream=False,
        tools=[
            {
                'type':'function',
                'function': {
                    'name':'get_current_weather',
                    'description':'Get the current weather for a location',
                    'parameters': {
                        'type':'object',
                        'properties': {
                            'location': {
                                'type':'string',
                                'description':'The location to get the weather for, e.g. San Fran-
cisco, CA'
                            },
                            'format': {
                                'type':'string',
                                'description': "The format to return the weather in, e.g. 'celsius'
or 'fahrenheit'",
                                'enum': ['celsius','fahrenheit']
                            }
                        },
                        'required': ['location','format']
                    }
                }
            }
        ]
    )
    print(response)
```

返回类似如下的结果：

```
model='chsword/DeepSeek-V3'
created_at='2025-01-12T10:06:18.29218589Z'
done=True
done_reason='stop'
total_duration=26279005373
load_duration=2331006796
prompt_eval_count=208
prompt_eval_duration=20572000000
eval_count=25
eval_duration=3374000000
message=Message(role='assistant',
content='',
```

```
images=None,
tool_calls=[ToolCall(function=Function(name='get_current_weather',
arguments={'format':'celsius','location':'Beijing'}))])
```

可以看到，返回的结果是一个 tool_calls，调用 Function get_current_weather（format：
"celsius"，location："Beijing"）。

6.1.3　Hugging Face：模型开源与快速部署

Hugging Face 是一款人工智能领域的网站。它的目标是使先进的机器学习技术更加易于
访问和使用，从而推动人工智能的普及。Hugging Face 用户可以轻松获取和使用众多预训练
的人工智能模型，这些模型可以应用于各种任务，如文本生成、图片生成和视频生成等。
Hugging Face 还提供了丰富的数据集和高效的数据处理工具，帮助用户更好地准备和处理数
据。通过 Hugging Face 提供的 cli 工具和 API 服务，开发者能够更加便捷地构建和部署人工
智能应用。

当然，其最大的作用是让用户可以快速地使用 Hugging Face 的库在本地运行模型，或者
选择在线模型进行测试和应用。这种灵活性使得开发者能够根据自己的需求和环境，方便地
进行实验和开发。通过简单的几行代码，用户就能调用预训练的模型，进行推理或微调，以
构建有特定功能的 AI Agent。

1. 访问和注册 Hugging Face

在许多情况下，必须登录 Hugging Face 账号才能与 Hub 进行交互，如下载私有存储库、
上传文件、创建 PR 等。可以先访问 https://huggingface.co/，然后注册 Hugging Face 账号，
并使用注册的账号进行登录，如图 6-24 所示。

后续操作需要使用用户访问令牌。用户访问令牌用于验证 Hugging Face 身份。如果要上传
或修改内容，请确保设置具有写入权限的令牌。

可以通过以下方式访问令牌，单击右上角个人头像，访问菜单"Access Token"，进入
页面后单击"Create new token"来创建一个访问令牌（一般情况下创建一个具有写入权限
的令牌即可）。

2. huggingface-cli 访问模型

Hugging Face 提供了一些编程工具，都包含在"huggingface_hub"Python 包中，其中自
带一个内置 CLI 工具，称为 huggingface-cli。该工具允许从终端直接与 Hugging Face Hub 交
互，如登录账号、创建仓库、上传和下载文件等。还可以配置机器或管理缓存。

以下内容需要用户已经安装了 Python 3.10。

可以通过以下指令安装 huggingface-cli：

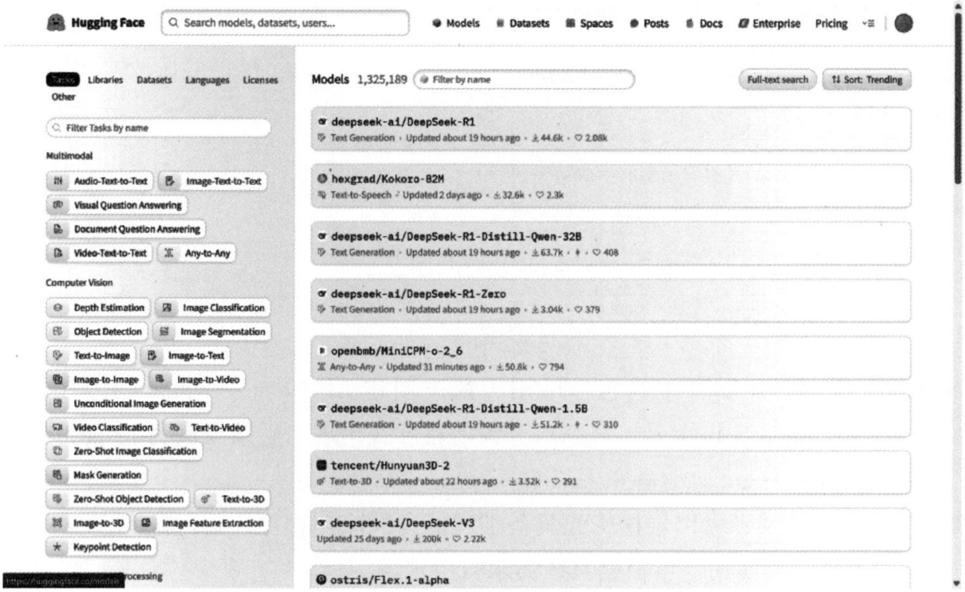

图 6-24　登录后的 Hugging Face 网站

```
pip install -U "huggingface_hub[cli]"
```

安装后可以通过以下命令检测是否安装成功：

```
huggingface-cli --help
```

之后可以通过以下命令以及之前获取的访问令牌进行登录：

```
huggingface-cli login
```

接下来可以通过以下命令来下载对应的存储库：

```
huggingface-cli download [存储库]
```

3. 通过编程访问大模型

访问前需要先安装对应的依赖包：

```
pip install transformers
```

然后通过以下代码可以直接下载对应模型并使用模型。注意，在本地执行模型时，要注意阅读 Hugging Face 上的说明文档，并查看开发机器是否有足够的 GPU 显存或内存：

```
from transformers import pipeline
messages = [
```

```
    {"role": "user", "content": "Who are you?"},
]
pipe = pipeline("text-generation", model="deepseek-ai/DeepSeek-R1-Distill-Qwen-1.5B")
pipe(messages)
# 执行推理并查看结果
# 调用 pipe(messages) 并查看模型的生成结果
generated_text = pipe(messages)
# 输出生成的文本
print(generated_text)
```

6.1.4　LangChain：面向开发者的任务流框架

LangChain 是一个开发者工具包，可用于快速创建 AI Agent。Python 语言用户可利用 LangChain 构建 AI Agent。该工具包最初以开源项目形式出现，后续发展为 LangChain 公司及完整生态系统，官网为 https://www.langchain.com/。

该 Python 包让开发者可以轻松构建具备推理能力的应用程序。LangChain 生态系统包含多种组件，大多可独立使用，可根据具体需求自由选用。

可以通过以下命令安装 LangChain。

```
pip install langchain-community
```

1. LangChain 核心模块

（1）模型模块

模型模块封装了多种大语言模型接口，包括 OpenAI、Anthropic 等厂商 API。开发者可以统一调用不同模型，降低系统耦合度。

（2）链模块

链模块支持将多个模型调用与业务逻辑组合为可复用流程。典型链结构包含问题解析、信息检索、结果生成等环节，可通过可视化工具编排节点顺序。

（3）记忆模块

记忆模块用于实现对话状态管理与上下文保持功能。支持短期会话记忆与长期知识存储，通过向量数据库等技术实现信息高效检索。

（4）代理模块

代理模块整合了模型、工具、记忆等组件，构成完整的 AI Agent 系统。内置代理类型包括对话代理、任务代理、推理代理等，支持自定义工具扩展。

2. 构造简单的 AI Agent

LangChain 代理模块整合了模型、工具、记忆等组件，形成 AI Agent。在 Python 环境通过 OpenAI 接口实现简易问答流程的命令如下。

```
import os
from langchain_openai import OpenAI
# 设置 OpenAI API 密钥
os.environ["OPENAI_API_KEY"] =""  # 请替换为实际的 API 密钥
llm = OpenAI(temperature=0)
question = "Why is the sky blue?"
response =llm.invoke(question)
print(response)
```

6.1.5　Semantic Kernel：大模型高效开发工具包

Semantic Kernel 是一个轻量级的开源开发工具包，能够轻松构建 AI Agent，并将最新的 AI 模型集成到 C#、Python 或 Java 代码库中。作为高效的中间件，Semantic Kernel 能够快速交付企业级解决方案。

Semantic Kernel 能够轻松将代码连接到最新的 AI 模型，随着技术的进步而演变。当新模型发布时，只需替换模型，而无须重写整个代码库。

Semantic Kernel 将提示与现有的 API 相结合来执行操作。通过向 AI 模型描述现有代码，可以调用模型来处理请求。发出请求时，模型调用一个函数，Semantic Kernel 作为中间件，将模型的请求转换为函数调用，并将结果返回给模型。

通过将现有代码添加为插件，可以最大限度地利用投资，通过一系列开箱即用的连接器灵活地集成 AI 服务。Semantic Kernel 使用规范的编码模式（如 Microsoft 365 Copilot），因此可以与公司中的其他专业或低代码开发人员共享任何扩展。可以通过访问 https://learn. microsoft. com/en-us/semantic-kernel/overview/来查看 Semantic Kernel 的官方文档。通过 https://github. com/microsoft/semantic-kernel 获取 Semantic Kernel 的源代码。

6.2　必备的大模型能力

在创建 AI Agent 的过程中，有一些能力是经常使用的。例如，用户在上传文件后，希望将对应文档内容转为文字，以便于大模型进行理解；当涉及复杂操作或计算时，需要调用代码能力等。

6.2.1　能力一：Azure 文档智能

Azure 文档智能依托 OCR 和自然语言处理等技术识别并提取文档中的关键信息，对原本散落的文本和数据进行结构化处理。通过在读取、分类、分析等环节中应用智能化算法，显著减少人工录入操作并提升数据准确度，适用于企业合同管理、发票处理、财务报表分析等多种应用场景，如图 6-25 所示。

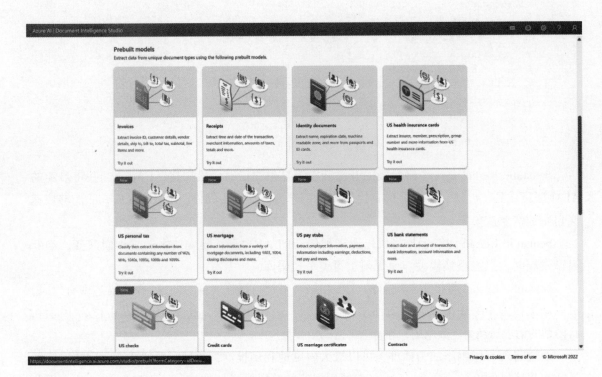

图 6-25　Azure 文档智能类目

在 AI Agent 中集成 Azure 文档智能后，当用户上传 DocX 或 PDF 文件时，系统可直接解析文档中的文字、表格和图片，自动提取并识别关键信息。结合支持多模态的大模型，AI Agent 可在财务报表、合同或发票等各种文档场景下进行深度理解与分析，减少手动录入和反复审阅操作并提高准确度和效率。

Azure 文档智能支持将文档转为 Markdown 格式，因为 Markdown 对于多数 AI 大模型都非常友好，所以通常 AI Agent 的文档智能都会采用 Markdown 的输出方式。

下面来看一下如何快速使用 Azure 文档智能。

1. 创建 Azure 文档智能资源

访问 Azure 官网 https://portal.azure.com/之后单击"创建资源"按钮，查找"Document Intelligence"并创建，在填写资源组及名称后即可创建，创建后的资源如图 6-26 所示。

Azure 智能文档资源页面上的"密钥"和"终结点"将在后续使用编程开发时使用到。如果想要试用 Azure 的文档智能功能，可以单击页面上的"Go to Document Intelligence Studio"访问 Azure 文档智能工作室。

图 6-26　Azure 智能文档资源

2. 使用文档智能工作室

文档智能工作室是一个在线工具，用于直观地浏览、了解和训练文档智能服务的功能，并将其集成到应用程序中。该工作室提供交互式平台，以可视化方式试验不同文档智能模型的输出，并对分析结果进行取样，无须编写代码。生产环境中可结合语言特定 SDKs，把训练或测试过的模型无缝对接到应用程序。

工作室可用于标记、训练和验证自定义模型，包括自定义分类和字段提取模型。它涵盖文档智能 v3.0 及更高版本的 API 版本，具备针对模板和神经模型的自定义文档字段提取能力。对需要使用 2024-02-29-preview 版本中预构建文档模型的场景，可切换到新的 Azure AI Foundry 门户试用并实现相辅相成的功能。

进入文档智能工作室后，可以访问 Layout，该模型可以将文档识别为带布局格式的结果。可以按不要的参数要求获得文档的 Markdown、JSON、纯文本格式的内容，如图 6-27 所示。

单击界面中的"Analyze options"选项，可以打开选项设置页面，如图 6-28 所示。

它包含以下条件。

- "Run analysis range"：分析哪些文件。
  - "Current document"：仅分析当前文档。

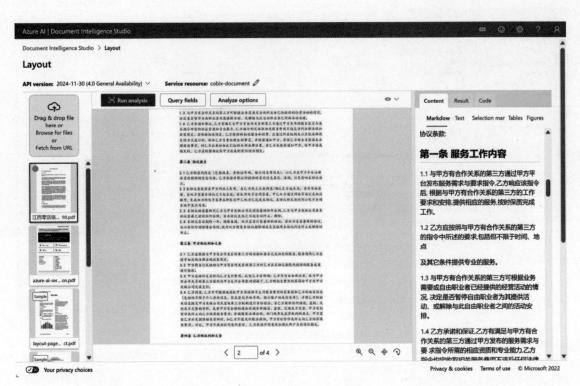

图 6-27　Azure 文档智能工作室 Layout 识别

Analyze options ✕

Configure basic settings and additional options for analyzing documents. Settings and options will be saved within this session, but can be changed at any time.

Run analysis range

◉ Current document　　○ All documents

Page range

◉ All pages　　○ Range

Output format style

○ Text　　◉ Markdown

Optional output

☐ Figure image

Optional detection

☐ Barcodes　　☐ Language　　☐ Key-value pairs

Premium detection (Charged: See pricing)

☐ High resolution　　☐ Style font　　☐ Formulas

Save　　**Cancel**

图 6-28　Layout 分析选项

　　　　○ "All documents"：分析所有上传的文档。
- "Page range"：分析哪些页面。
　　　　○ "All pages"：分析所有页面。
　　　　○ "Range"：指定分析的页面，如 "1，3-6" 就是第 1 页和第 3~6 页，共 5 页。
- "Output format style"：指定输出格式。
　　　　○ "Text"：纯文本输出。
　　　　○ "Markdown"：以 Markdown 格式输出。
- "Optional output"：可选输出项。
　　　　○ "Figure image"：图片的题注。
- "Optional detection"：JSON 结构中辅助识别。
　　　　○ "Barcodes"：支持条形码或二维码识别。
　　　　○ "Language"：检测每个文本的主要语言。
　　　　○ "Key-value pairs"：是否提取键值对，可应用在结构化表单（如合同、申请表）中的字段提取。
- Premium detection（Charged：See pricing）：收费的高级选项。
　　　　○ "High resolution"：高分辨率提取，大型文档（如工程图纸）中识别小文本。
　　　　○ "Style font"：字体识别，可识别出具体的文字是什么字体、字号。
　　　　○ "Formulas"：提取数学公式，已识别的公式（如数学公式）。

　　当单击右侧 "Result" 标签页时，可查看识别出的 JSON，而单击 "Code" 标签页则可以查看实现此功能的代码，如图 6-29、图 6-30 所示。

图 6-29　Result 标签页

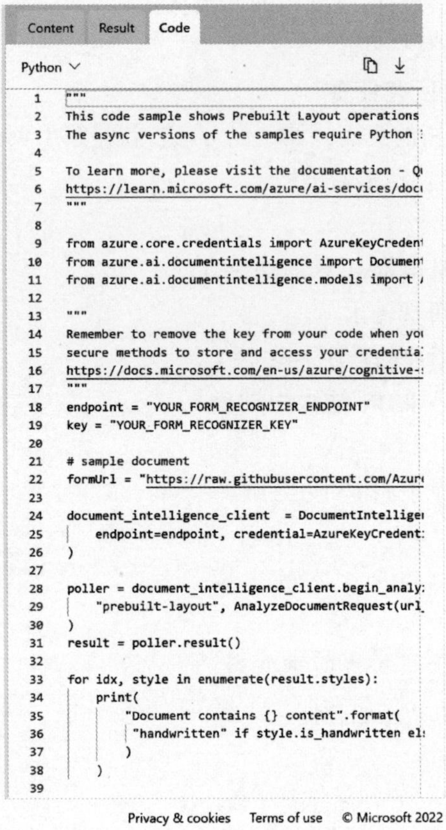

```
Content    Result    Code

Python ∨                                    □  ↓

1    """
2    This code sample shows Prebuilt Layout operations
3    The async versions of the samples require Python
4
5    To learn more, please visit the documentation - Q
6    https://learn.microsoft.com/azure/ai-services/docu
7    """
8
9    from azure.core.credentials import AzureKeyCreden
10   from azure.ai.documentintelligence import Document
11   from azure.ai.documentintelligence.models import /
12
13   """
14   Remember to remove the key from your code when yo
15   secure methods to store and access your credential
16   https://docs.microsoft.com/en-us/azure/cognitive-s
17   """
18   endpoint = "YOUR_FORM_RECOGNIZER_ENDPOINT"
19   key = "YOUR_FORM_RECOGNIZER_KEY"
20
21   # sample document
22   formUrl = "https://raw.githubusercontent.com/Azure
23
24   document_intelligence_client  = DocumentIntellige
25       endpoint=endpoint, credential=AzureKeyCredent
26   )
27
28   poller = document_intelligence_client.begin_analy
29       "prebuilt-layout", AnalyzeDocumentRequest(url
30   )
31   result = poller.result()
32
33   for idx, style in enumerate(result.styles):
34       print(
35           "Document contains {} content".format(
36           "handwritten" if style.is_handwritten el
37           )
38       )
39
```

Privacy & cookies   Terms of use   © Microsoft 2022

图 6-30　Code 标签页

6.2.2　能力二：Azure 的沙箱代码解释器

Azure 沙箱代码解释器在受控环境中提供隔离的代码执行能力，主要目的是在不影响生产环境的情况下完成测试与验证。隔离环境可有效避免代码缺陷或恶意行为对实际系统造成的影响，降低数据泄露或服务中断的风险。针对开发场景，为快速迭代和敏捷部署提供安全保障，允许开发者实时监测、快速定位并修复问题，显著提升研发效率。

如果用户希望自己部署拥有沙箱能力的代码解释器，并使用其他工具（如结合 Ollama 或 Azure OpenAI）进行调用，那么可以使用以下方法，使用 Azure 的容器应用（Container App）来部署代码解释器应用程序。

1）安装 Azure CLI 并登录 Azure 账号，且将 Azure CLI 更新至最新版本，命令为：

```
az upgrade
```

2）执行以下命令，以确保安装 Azure 容器应用扩展。

```
az extension add --namecontainerapp --upgrade --allow-preview true -y
```

3）使用命令创建一个 containerapp。

创建一个名为 my-session-pool 的 Python 代码解释器的容器应用的示例如下。

```
azcontainerappsessionpool create \
    --name my-session-pool \
    --resource-group[RESOURCE_GROUP]#资源组名称\
    --locationwestus2 #资源所在区域\
    --container-typePythonLTS \
    --max-sessions 100 \
    --cooldown-period 300 \
    --network-statusEgressDisabled
```

创建之后在对应资源组中就可以查看到 my-session-pool 这个容器应用，如图 6-31 所示。

图 6-31　部署后的代码解释器容器应用

其中的"池管理终结点"即当前服务的网址，在后续操作中将要用到。

之后可以通过页面上的"操场"功能来体验代码解释器功能，如图 6-32 所示。

如果需要通过代码集成到系统中，可以使用如表 6-4 所示的 API 来进行操作，API 的基础 URL 即前面提到的"池管理终结点"。

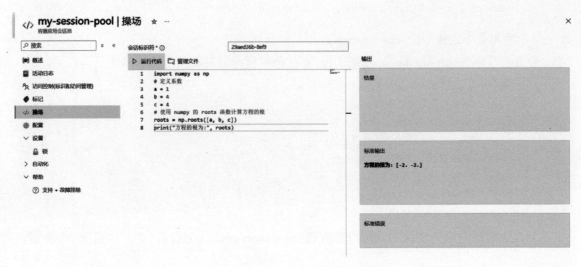

图 6-32 操场中使用代码解释器

表 6-4 沙箱代码解释器基础 API

终结点路径	方 法	说 明
code/execute	POST	在会话中执行代码
files/upload	POST	将文件上传到会话
files/content/｛filename｝	GET	从会话下载文件
Files	GET	列出会话中的文件

以执行代码为例，可以通过以下 URL 来构造一个请求。

```
[池管理终结点]/code/execute? api-version=2024-02-02-preview&identifier=[SessionId]
```

参数 "SessionId" 即当前会话 Id。对于同一 "SessionId"，在一定时间内，可以访问之前请求的结果变量。下面为一个代码执行请求的示例。

```
POST https://[池管理终结点]/code/execute? api-version=2024-02-02-preview&identifier=[SessionId]
Content-Type: application/json
Authorization: Bearer <token>

{
    "properties": {
        "codeInputType": "inline",
        "executionType": "synchronous",
```

```
    "code": "print('Hello, world! ')"
  }
}
```

该代码以同步方式执行参数 "code" 中给的对应代码, 并返回执行结果。

6.3   当前流行的 RAG 库

6.3.1   知识图谱: GraphRAG

GraphRAG 是一种微软开源的综合知识图谱与知识库的框架, 用于增强大型语言模型 (LLM) 的回答能力, 特别是在处理复杂问题时。它通过构建 "知识图谱", 让模型更好地理解和组织信息, 提升回答的准确性和深度。用户可以访问 https://github.com/microsoft/graphrag 来获取它的说明文档及教程, GraphRAG 的官网地址为 https://microsoft.github.io/graphrag/, 如图 6-33 所示。

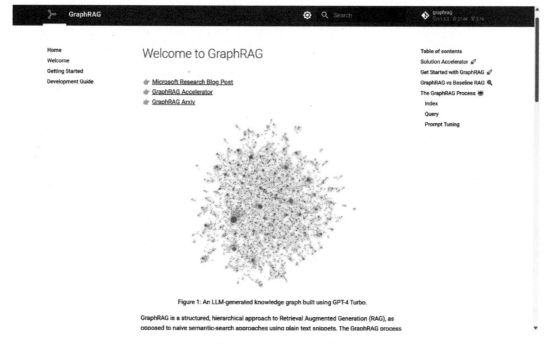

图 6-33   GraphRAG 官网

传统的方法通常直接从文本中提取内容, 但在涉及多个概念或者需要综合分析时, 这种方法可能效果不佳。GraphRAG 通过从文本中提取重要的实体和它们之间的关系, 创建出一个包含这些信息的知识图谱。这使得模型可以更全面地了解不同信息之间的关联。

在构建知识图谱后，GraphRAG 会对这些信息进行分类和聚类，形成层次化的结构。这种结构有助于模型在回答问题时，快速定位相关的主题和概念，提高回答的效率和准确性。当需要回答问题时，GraphRAG 利用之前构建的知识图谱，为模型提供相关的背景和上下文信息。这样，模型不仅能够给出直接的答案，还能提供更深入的解释和分析。

GraphRAG 为大型语言模型提供了一种更智能的方法来处理和理解复杂的信息，特别适合需要深入分析和全面理解的场景。

GraphRAG 安装使用方法如下。

1）通过 pip 命令将 GraphRAG 库安装到当前 Python 的环境中。

```
pip install graphrag
```

2）在当前环境下创建一个目录 ./graphrag-data，以及子目录 ./graphrag-data/input，并将需要训练的 txt 文件放置在 ./graphrag-data/input 中。

3）新建一个 ".env" 文件，将 Azure OpenAI 中的密钥填写到此环境变量文件中。

```
GRAPHRAG_API_KEY=
```

4）对项目进行初始化。

```
python -mgraphrag.index--init--root ./graphrag-data
```

初始化后，在文件夹内会出现一个 "settings.yaml" 文件，将其中的配置修改为对应的 Azure OpenAI 配置即可。

5）开始构建知识库。

```
python -mgraphrag.index--root ./graphrag
```

在构建完成之后，就可以通过命令对知识库中的内容进行提问。

注意：命令中的 "—method" 参数，参数值为 "global" 与 "local"，它们可以区分对知识库的检索方式。

"global" 是全局搜索方法，通过 map-reduce 方式搜索所有的知识图谱来生成答案。这是一种资源密集型方法，但对于需要了解整个数据集的问题非常有效。

"local" 是本地搜索方法，通过将知识图谱中的相关数据与原始文档的文本块相结合来生成答案。这种方法适用于了解文档中提到的特定问题。

如果是全局类的问题，可以按以下方式提问，即通过检索全部内容来生成回答。

```
python -mgraphrag.query \
--root ./graphrag \
--method global \
"一共有多少种子法"
```

如果要以本地搜索方法检索，可以使用以下代码，即通过检索特定问题来生成回答。

```
python -mgraphrag.query \
--root ./graphrag \
--method local \
"不当得利可能由什么构成"
```

6.3.2　知识库：LightRAG

LightRAG 为大型语言模型提供了一种便捷高效的检索增强生成方案。该框架依托 nano-graphrag 架构，采用轻量级设计，实现了文档内容高效切分、向量化存储与结构化知识图谱构建。框架支持多种文件格式（TXT、PDF、DOC、PPT、CSV 等）以及常用存储后端（JsonKVStorage、Neo4JStorage、PostgreSQL、Faiss 等），适合处理复杂问题以及多领域知识检索任务。

框架采用模块化设计，将文本内容预处理、嵌入向量生成、知识图谱构建和答案生成各环节分工明确。数据预处理模块负责根据设定的最大令牌数对文本进行切分与重叠；向量化模块调用 OpenAI、Hugging Face 或 Ollama 等多种模型进行嵌入；知识图谱模块抽取文本中的实体与关系，并构建层次化的关联网络；答案生成模块依据选择的检索模式（naive、local、global、hybrid 或 mix），迅速定位相关信息并生成结构化回答。

通过访问项目主页 https://lightrag.github.io 与 GitHub 仓库 https://github.com/HKUDS/LightRAG 可以访问完整的项目文档，文档中涵盖了安装指导、配置示例、进阶用法及各扩展功能的详细说明。

接下来对 LightRAG 的安装和使用进行简单说明。

1）安装与快速启动。

通过 pip 命令可直接将 LightRAG 库安装到当前 Python 环境中：

```
pip install lightrag-hku
```

2）通过代码创建知识库。

安装完成后，创建工作目录（如 ./documents）以保存缓存与知识图谱数据，并将待处理文本文件存放于指定位置。配置环境变量（如 OPENAI_API_KEY 或其他密钥）以便调用相应语言模型。

3）示例。

以下示例展示了如何初始化 LightRAG、插入文本数据及进行多模式检索：

```
import os
from lightrag import LightRAG, QueryParam
from lightrag.llm.openai import gpt_4o_mini_complete, openai_embed
```

```
WORKING_DIR = "./documents"
if not os.path.exists(WORKING_DIR):
    os.mkdir(WORKING_DIR)

rag = LightRAG(
    working_dir=WORKING_DIR,
    embedding_func=openai_embed,
    llm_model_func=gpt_4o_mini_complete
)

with open("./book.txt", encoding="utf-8") as f:
    rag.insert(f.read())

# 查询示例
print(rag.query("这个故事讲了什么?", param=QueryParam(mode="naive")))
print(rag.query("这个故事讲了什么?", param=QueryParam(mode="local")))
print(rag.query("这个故事讲了什么?", param=QueryParam(mode="global")))
print(rag.query("这个故事讲了什么?", param=QueryParam(mode="hybrid")))
print(rag.query("这个故事讲了什么?", param=QueryParam(mode="mix")))
```

代码最后的查询示例中，体现了框架支持多种检索模式。naive 模式进行简单匹配，local 模式结合原始文本进行局部检索，global 模式利用知识图谱进行全局搜索，hybrid 模式融合两种方法，mix 模式将结构化知识图谱与向量检索有机结合，从而充分挖掘文本中涉及的关键信息及其关联关系。各模式可根据问题场景灵活选用，满足不同深度与广度的检索要求。

4）扩展功能与多存储支持

框架可与 OpenAI、Hugging Face、Ollama 等多种语言模型接口无缝对接。对嵌入生成、实体提取以及多轮对话均提供默认实现，同时允许用户接入自定义函数。LightRAG 支持 Neo4j、PostgreSQL、Faiss 等多种后端存储方案，便于构建生产级知识库与向量数据库。此外，提供图形化前端工具，可对构建的知识图谱进行可视化展示，辅助分析实体及其关系。

6.4　开发一个企业级 AI Agent：基于 Azure OpenAI

6.4.1　基本需求

在企业内部有很多数据分析的工作，数据源通常是一些 Excel、PDF 或图片，接下来的示例将讲解如何利用 Azure OpenAI 并配合一定的编程实现 AI Agent。

6.4.2　服务器端：接入大模型

前面讲解了如何创建 Azure OpenAI 资源及部署大模型，接下来利用前面创建大模型的"密钥"和"终结点"来进行开发。

首先要确保安装了 Python 3.10。

然后使用命令 pip install openai 安装 openai 包，通过 openai 包可以快速使用 OpenAI API 或与 OpenAI 兼容的 API。

1. 准备 .env 文件

在创建的文件夹中新建一个 .env 文件，写入前文中获取到的"终结点"与"密钥"，如下所示。

```
OPENAI_API_ENDPOINT=https://[资源名].openai.azure.com/ #终结点
OPENAI_API_KEY=[密钥] #密钥
```

有了这个文件，就可以在不同的代码文件中复用这些配置了。

2. 编写代码

在创建的文件夹中，新建一个 chat.py 文件，此文件用于与大模型进行交互，同时请确保 .env 文件与 chat.py 文件位于同一文件夹中。

在 chat.py 中，先引用所有包并读取前面所有的环境变量。

```
import os
from openai import AzureOpenAI
from dotenv import load_dotenv

# 从 .env 文件加载环境变量
load_dotenv()

# 读取终结点和 API 密钥
endpoint = os.getenv("OPENAI_API_ENDPOINT")
api_key = os.getenv("OPENAI_API_KEY")
```

之后，在代码中就可以通过 endpoint 和 api_key 变量访问"终结点"和"密钥"了。

接下来通过 Azure OpenAI 类来创建一个可以访问 Azure OpenAI 的"client"变量，用于访问 Azure OpenAI，除了"终结点"与"密钥"外，"api_version"表示 Azure OpenAI 的 API 版本，一般来说，如果没有特殊需求，使用最新的版本即可，具体版本可以通过 https://learn.microsoft.com/zh-cn/azure/ai-services/openai/api-version-deprecation 查询。

```
# 初始化 Azure OpenAI 客户端
client =AzureOpenAI(
    azure_endpoint=endpoint,
```

```
        api_key=api_key,
        api_version="2024-12-01-preview"
)
```

接下来写一个函数 "call_gpt4o" 利用 client 变量来调用 Azure OpenAI，并将要提问的问题作为函数的参数，在调用时指定了使用 "gpt-4o" 模型并限制了结果输出不要超过 150 个 Token。

```
# 调用 Azure OpenAI 模型
def call_gpt4o(prompt):
    response = client.chat.completions.create(
        model="gpt-4o",
        messages=[
            {"role": "user", "content": prompt}
        ],
        max_tokens=150
    )
    return response.choices[0].message.content.strip()
```

接下来可以通过以下代码进行调用。

```
# 主函数
if __name__ == "__main__":
    prompt = "简要回答为什么天是蓝色的?"
    result = call_gpt4o(prompt)
    print(result)
```

这样 chat.py 就初步创建完成了，用户可以通过 python chat.py 执行此文件来调用大模型，并询问参数 "prompt" 所指定的问题，就会输出对于上述问题的解答。

6.4.3 客户端：完成简单的对话逻辑

上面的代码可以做到简单地调用大模型回答问题，接下来完善逻辑使之能进行简单的对话。需要解决以下三个问题。

- 让用户可以输入内容，当前用户输入的问题是硬编码于代码中的，需要修改为提示用户输出每次对话的内容。
- 让对话可以保持会话的内容，这样在执行时可以让用户感觉到是在 "对话" 而非 "问答"。
- 需要增加一个命令区分用户期望输入与期望退出。

1）先处理 "call_gpt4o" 函数，定义一个全局的变量 "messages" 用于存储上下文，然后修改函数逻辑，当有 "prompt" 输入时，将 "prompt" 追加到 "messages" 中，在执行后再将返回的结果追加到 "messages" 中，这样就实现了将历史消息保存并且每次提交时都追回新的用户消息的功能。具体代码如下所示。

```python
# 初始化对话历史
messages = []

# 调用 Azure OpenAI 模型
def call_gpt4o(prompt):
    # 将用户消息添加到历史记录
    messages.append({"role": "user", "content": prompt})

    response = client.chat.completions.create(
        model="gpt-4o",
        messages=messages,
        max_tokens=150
    )

    # 将助手回复添加到历史记录
    assistant_message = response.choices[0].message.content.strip()
    messages.append({"role": "assistant", "content": assistant_message})

    return assistant_message
```

2）之后处理主函数，增加用户可以直接输入、循环多次输入以及特定按键退出的功能，代码如下所示。

```python
# 主函数
if __name__ == "__main__":
    print("开始对话(按 Ctrl+D 结束)...")
    try:
        while True:
            prompt = input("\n 用户: ")
            result = call_gpt4o(prompt)
            print("\n 助手:", result)
    except EOFError:
        print("\n 对话结束。")
    except KeyboardInterrupt:
        print("\n 对话被中断。")
```

这时就可以连续进行对话，如图 6-34 所示，展示了最初询问 Python 的四舍五入代码，而后只询问 C#语言的而没有四舍五入代码。而大模型则根据之前的记忆推理出用户想要 C# 的四舍五入代码的示例过程。

用户：四舍五入的Python代码

助手：在Python中，你可以使用内置的 `round()` 函数来实现四舍五入。这个函数可以用于将一个浮点数或小数点数值四舍五入到指定的小数位数。下面是一些示例说明如何使用 `round()` 函数：

1. **四舍五入到整数：**
```python
num = 3.6
rounded_num = round(num)
print(rounded_num)  # 输出：4
```

2. **四舍五入到指定的小数位数：**
```python
num = 3.14159
rounded_num = round(num, 2)
print(
```

用户：C#代码

助手：在C#中，你可以使用 `Math.Round()` 方法来实现四舍五入。这个方法可以用于将一个浮点数或双精度浮点数四舍五入到指定的小数位数。下面是一些示例说明如何使用 `Math.Round()` 方法：

1. **四舍五入到整数：**
```csharp
double num = 3.6;
double roundedNum = Math.Round(num);
Console.WriteLine(roundedNum);  // 输出：4
```

2. **四舍五入到指定的小数位数：**
```csharp
double num = 3.14159;
double roundedNum = Math.Round(num
```

用户：

图 6-34　带上下文对话演示

6.4.4　集成多模态能力：构建可以通过图片进行数据分析的 AI Agent

上述的处理流程中仅仅是针对对话过程进行了优化，实际在进行数据分析时需要有数据源的输入，这些数据源可以是文字输入或者是图像、数据文件的输入。

有一些大模型可以通过多模态功能对图像文件进行解析，接下来实现一个可以接收用户图像输入或者文字输入的 AI Agent。其流程图如图 6-35 所示。

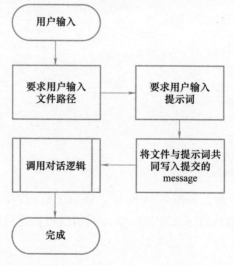

图 6-35　多模态能力集成流程图

代码也要进行对应修改，首先要编写一个根据用户输入的路径生成 Base64 的 URL
代码。

```python
import base64
from mimetypes import guess_type
def encode_image(image_path):
    """将图片编码为 data URL 格式"""
    if not os.path.exists(image_path):
        return None

    # 根据文件扩展名判断 MIME 类型
    mime_type, _ = guess_type(image_path)
    if mime_type is None:
        mime_type = 'application/octet-stream'

    # 读取并编码图片文件
    with open(image_path, "rb") as image_file:
        base64_encoded_data = base64.b64encode(image_file.read()).decode('utf-8')

    # 构造 data URL
    return f"data:{mime_type};base64,{base64_encoded_data}"
```

然后修改 chat 的逻辑，将原本的仅输入 prompt 参数，修改为同时支持可选的图片路径
参数 "image_path"。当有图片传入时，message 的结构也随之发生了改变，可以同时传入
text 以及 image_url。前面代码中的 max_tokens 作了限制，在此代码中取消此限制。

```python
# 调用 Azure OpenAI 模型
def call_gpt4o(prompt, image_path=None):
    """处理文本和图片输入的对话"""
    if image_path:
        # 如果有图片,构造多模态消息
        data_url = encode_image(image_path)
        if data_url:
            messages.append({
                "role": "user",
                "content": [
                    {
                        "type": "text",
                        "text": prompt
                    },
                    {
                        "type": "image_url",
                        "image_url": {
                            "url": data_url
```

```
                    }
                }
            ]
        })
    else:
        # 纯文本消息
        messages.append({"role": "user", "content": prompt})

    response = client.chat.completions.create(
        model="gpt-4o",
        messages=messages,
    )

    # 添加助手回复到历史记录
    assistant_message = response.choices[0].message.content.strip()
    messages.append({"role": "assistant", "content": assistant_message})

    return assistant_message
```

接下来对主函数进行更改，增加可以询问是否有图片要处理，如果用户输入"y"，则接下来用户可以输入图片路径。

```
# 主函数
if __name__ == "__main__":
    print("开始对话(按 Ctrl+D 结束)...")
    try:
        while True:
            # 询问是否有图片
            has_image = input("\n 是否有图片要处理?(y/n): ").lower().strip()
            image_path = None
            if has_image == 'y':
                image_path = input("请输入图片路径: ").strip()

            # 获取问题
            prompt = input("请输入您的问题: ")

            # 调用 API 处理
            result = call_gpt4o(prompt, image_path)
            print("\n 助手:", result)
    except EOFError:
        print("\n 对话结束。")
    except KeyboardInterrupt:
        print("\n 对话被中断。")
```

再通过运行 python chat.py，就可以输入图片了。这里提前准备了一张公司流水和利润的示例图片，存储在同文件夹"data.png"下，如图 6-36 所示。

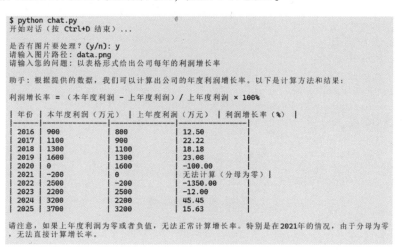

年份	年度流水 (万元)	年度利润 (万元)
2015	5000	800
2016	5800	900
2017	7000	1100
2018	8500	1300
2019	9500	1600
2020	10000	0
2021	12000	-200
2022	13800	2500
2023	15000	2200
2024	17000	3200
2025	19000	3700

图 6-36 公司流水与利润 data. png

调用时，先在询问是否有图片要处理时输入"y"，之后输入前面提供的 data. png 的路径，然后再输入需要针对图片提出的问题，如图 6-37 所示。

```
$ python chat.py
开始对话（按 Ctrl+D 结束）...

是否有图片要处理？(y/n): y
请输入图片路径: data.png
请输入您的问题: 以表格形式给出公司每年的利润增长率

助手: 根据提供的数据，我们可以计算出公司的年度利润增长率。以下是计算方法和结果:

利润增长率 =（本年度利润 − 上年度利润）/ 上年度利润 × 100%

| 年份 | 本年度利润（万元）| 上年度利润（万元）| 利润增长率（%）|
|------|------|------|------|
| 2016 | 900  | 800  | 12.50 |
| 2017 | 1100 | 900  | 22.22 |
| 2018 | 1300 | 1100 | 18.18 |
| 2019 | 1600 | 1300 | 23.08 |
| 2020 | 0    | 1600 | -100.00 |
| 2021 | -200 | 0    | 无法计算（分母为零）|
| 2022 | 2500 | -200 | -1350.00 |
| 2023 | 2200 | 2500 | -12.00 |
| 2024 | 3200 | 2200 | 45.45 |
| 2025 | 3700 | 3200 | 15.63 |

请注意，如果上年度利润为零或者负值，无法正常计算增长率。特别是在 2021 年的情况，由于分母为零，无法直接计算增长率。
```

图 6-37 多模态调用结果

同时也仍然支持多轮对话，用户可以通过多轮对话要求此 AI Agent 反复修改输出或者给出更多分析内容。

6.4.5 集成代码解释器：增强 AI Agent 的功能

前面已通过集成多模态能力的 AI Agent 完成对图片的处理，处理原理是提取图片中的内容并进行分析。实际工作中，更常见的数据源是 Excel、CSV 或数据库。针对 Excel 或 CSV 数据表格，由于大模型的上下文有限，一般无法将所有数据输入，需要借助代码从这些文件中提取少量数据，从而减小对大模型的输入量。代码解释器可以分析 Excel 及其他数据文件或生成对应的数据文件与分析结果。

另外，当用户的需求中涉及计算时，通常大模型并没有进行复杂严密的计算的能力，这时也要通过代码解释器进行计算。这些计算包括但不限于四则运算以及高等数学运算。

调用代码解释器有两种方式，第一种方式比较简单，当用户的环境完全自主可控时可以直接使用本地的 Python 环境进行调用；第二种方式是当用户的环境以及用户输入并不是可控的内容时，需要构造沙箱进行调用，以确保用户所执行的 Python 代码不会危害到系统的安全。

下面将实现一个本地代码解释器的功能，而基于沙箱的代码解释器，可以参考 6.2.2 节的内容。

首先，创建一个代码解释器的工具模式定义及函数实现，此函数定义了以下功能：输入是一段代码，输出是这段代码的执行结果。新建"python_runner_local. py"文件并在文件中写入以下内容，先写入工具模式的定义，以方便大模型进行识别。

```python
import json

# Python 执行器的工具模式定义
PYTHON_RUNNER_SCHEMA = {
    "type": "function",
    "function": {
        "name": "python_runner",
        "description": "执行 Python 代码并返回结果",
        "parameters": {
            "type": "object",
            "properties": {
                "code": {
                    "type": "string",
                    "description": "要执行的 Python 代码",
                },
            },
            "required": ["code"],
        },
    }
}
```

然后需要给出函数实现过程，输入是"code"，输出在执行成功时是代码执行的结果，在执行失败时，是给出的错误信息。

```python
def python_runner(code):
    """执行 Python 代码并返回结果"""
```

```
print("\npython_runner<- 收到代码执行请求:")
print("```python")
print(code)
print("```")

try:
    # 创建一个新的命名空间
    local_namespace = {}

    # 分离最后一行代码,因为我们要获取它的值
    code_lines = code.strip().split('\n')
    exec_code = '\n'.join(code_lines[:-1])
    eval_code = code_lines[-1]

    # 执行主体代码
    if exec_code:
        exec(exec_code, {},local_namespace)

    # 计算最后一行的值
    result = eval(eval_code, {}, local_namespace)

    response =json.dumps({
        "status": "success",
        "result": str(result)
    })
    print("\npython_runner ->执行结果:")
    print(response)
    return response
except Exception as e:
    response =json.dumps({
        "status": "error",
        "error": str(e)
    })
    print("\npython_runner ->执行错误:")
    print(response)
    return response
```

在 "chat.py" 中通过以下方式导入前面定义的代码解释器:

```
from python_runner_local import python_runner, PYTHON_RUNNER_SCHEMA
```

向全局历史消息存储的 "messages" 增加一个系统提示词。

```
# 初始化对话历史
messages = [
    {"role": "system", "content": "你是一个数据分析师,可以使用 Python 工具来处理数据。"}
]
```

　　修改 "call_gpt4o" 使之支持调用代码，其中 "tools" 是大模型可调用的工具列表，当 "tool_choice" 的值为 "auto" 时，大模型将自动决定何时调用、如何调用工具。当调用模型后 "tool_calls" 有调用的工具时，则调用对应工具进行执行，如果无须执行则跳过此阶段。然后将工具调用的结果仍然给大模型进行处理。如果仍然需要调用工具，则继续调用，直至达到最大递归次数，如果已经没有工具需要调用，则直接返回内容。

```python
# 添加最大递归深度常量
MAX_RECURSION_DEPTH = 10

def call_gpt4o(prompt, image_path=None, depth=0):
    """处理对话并支持函数调用,带有递归深度限制

    Args:
        prompt (str):用户输入的问题或指令
        image_path (str, optional):图片文件的路径
        depth (int):当前递归深度

    Returns:
        str: AI 助手的最终回复
    """
    if depth >= MAX_RECURSION_DEPTH:
        print("\n 达到最大递归深度限制")
        return "抱歉,处理过程过于复杂,请尝试简化您的请求。"

    # 构造初始消息,支持文本和图片混合输入
    if image_path:
        data_url = encode_image(image_path)
        if data_url:
            messages.append({
                "role": "user",
                "content": [
                    {"type": "text", "text": prompt},
                    {"type": "image_url", "image_url": {"url": data_url}}
                ]
            })
    else:
        messages.append({"role": "user", "content": prompt})

    # 使用导入的工具模式
    tools = [PYTHON_RUNNER_SCHEMA]

    # 第一次调用 API:让模型决定是否使用工具
    print(f"\n 助手<- 用户问题 (递归深度 {depth}):", prompt)
```

```
response = client.chat.completions.create(
    model="gpt-4o",
    messages=messages,
    tools=tools,   # 提供工具列表
    tool_choice="auto",   # 自动选择是否使用工具
)

response_message = response.choices[0].message
messages.append(response_message)

# 处理模型的函数调用请求
if response_message.tool_calls:
    print(f"\n 助手 ->决定执行 Python 代码")
    for tool_call in response_message.tool_calls:
        if tool_call.function.name == "python_runner":
            # 解析函数调用参数
            function_args =json.loads(tool_call.function.arguments)
            # 执行 Python 代码
            result = python_runner(function_args.get("code"))
            # 将执行结果添加到对话历史
            messages.append({
                "tool_call_id": tool_call.id,
                "role": "tool",
                "name": "python_runner",
                "content": result,
            })

    # 如果还有工具调用且未达到最大深度,则递归处理
    return call_gpt4o(prompt, image_path, depth + 1)

result = response_message.content
print(f"\n 助手 ->最终回复:", result)
return result
```

这样就实现了 AI Agent 的本地代码解释器功能。可以通过代码操作数据量比较大的 Excel、CSV 等文件。例如，一个 Excel 中有 2020—2025 年的每日的 SKU 增长数据，如图 6-38 所示。

在调用 chat.py 时使用以下问题作为输入：

用 Python 代码处理以下问题 sale. xlsx 中 2021 年的总 SKU 增加量。

则 AI Agent 会自动构造代码并试错，从而统计数据，而不是读出所有内容然后将内容发送给大模型让其进行分析。执行结果如图 6-39 所示，通过代码计算了表格中 2021 年度的 SKU 增加量，进行润色并将输出发送给用户。

	A	B	C
	Date	SKUs	
	2020/1/1	70	
	2020/1/2	91	
	2020/1/3	4	
	2020/1/4	56	
	2020/1/5	47	
	2020/1/6	90	
	2020/1/7	83	
	2020/1/8	74	
	2020/1/9	49	
	2020/1/10	1	
	2020/1/11	27	
	2020/1/12	78	
	2020/1/13	62	
	2020/1/14	10	

图 6-38   示例 Excel 数据

助手 ← 用户问题：用**Python**代码处理以下问题 **sale.xlsx** 中2021年的总SKU增加量

助手 → 决定执行**Python**代码

python_runner ← 收到代码执行请求：
```python
import pandas as pd

# 读取 Excel 文件
df = pd.read_excel('sale.xlsx')
......
sku_increase_2021
```

python_runner → 执行结果：
{"status": "success", "result": "157"}

助手 ← 用户问题：用**Python**代码处理以下问题 **sale.xlsx** 中2021年的总SKU增加量

助手 → 最终回复：2021年的总SKU增加量为157。

助手：2021年的总SKU增加量为157。

图 6-39   调用有代码解释器功能的 AI Agent 的执行页面

6.4.6　开发一个可视化数据分析 AI Agent

前面实现的功能已经将一个数据分析的 AI Agent 的基本功能都拼装完成了，接下来可以通过不同的系统提示词来构造功能，制作出不同功能的 AI Agent。

1. 实现图表、图片的生成

接下来进行进阶需求：设计一个系统提示词让 AI Agent 生成可视化的数据分析结果，如饼图、柱状图等。

首先可以确定的是 Python 拥有图表生成能力，所以可以通过 Python 的图表生成能力来进行图表的生成。

提示词可以如下所示。

根据给定的任务描述或现有的提示，编写一个详细的系统提示，以有效指导语言模型完成任务。

\# 指南

- 理解任务：掌握目标、要求、约束和预期输出。

- 最小更改：如果提供了现有提示，仅在其简单时进行改进。对于复杂提示，在不改变原始结构的情况下，增强清晰度并添加缺失元素。

- 推理先于结论：鼓励在得出任何结论之前进行推理步骤。注意！如果用户提供的示例中推理发生在结论之后，请反转顺序！不要以结论开始示例！

　　　　- 推理顺序：指出提示中的推理部分和结论部分（通过名称指定字段）。对于每个部分，确定执行顺序，并判断是否需要反转。

　　　　- 结论、分类或结果应始终最后出现。

　　- 示例：如果有帮助，请包含高质量示例，对复杂元素使用占位符［用方括号表示］。

　　　- 考虑包含哪些类型的示例、数量，以及它们是否足够复杂以受益于占位符。

　　- 清晰简洁：使用明确、具体的语言。避免不必要的指令或乏味的陈述。

　　- 格式：使用 Markdown 特性以提高可读性。除非特别要求，否则不要使用 ``` 代码块。

　　- 保留用户内容：如果输入任务或提示包含广泛的指南或示例，则完全保留它们，或尽可能接近地保留。如果它们模糊不清，考虑分解为子步骤。保留用户提供的任何细节、指南、示例、变量或占位符。

　　- 常量：在提示中包含常量，因为它们不易受到提示注入攻击。例如指南、评分标准和示例。

　　- 输出格式：明确最合适的输出格式，包括长度和语法（如短句、段落、JSON 等）。

　　　- 对于输出定义良好或结构化数据（分类、JSON 等）的任务，偏向于输出 JSON。

　　　- JSON 不应被包裹在代码块（```）中，除非明确要求。

　　最终输出的系统提示应遵循以下结构。不要包括任何额外评论，只输出完整的系统提示。特别是不要在提示的开头或结尾附加任何额外消息。（例如，不要有 "---"）

［简明的任务说明 - 这应该是提示的第一行，没有章节标题］

［根据需要添加其他细节。］

［可选部分，带有详细步骤的标题或项目符号。］

步骤［可选］

［可选：完成任务所需步骤的详细分解］

输出格式

［明确说明输出应如何格式化，无论是响应长度、结构或格式如 JSON、Markdown 等］

示例［可选］

[可选：1~3 个定义明确的示例，如果有必要，使用占位符。清楚标记示例的开始和结束，以及输入和输出是什么。如果有必要，使用占位符。]

[如果示例比预期的真实示例短，请参考 ( )，解释真实示例应更长/更短/不同。并使用占位符!]

注意事项 [可选]

[可选：边缘情况、细节，以及用于调用或重复特定重要注意事项的区域]
您接受过截至 2023 年 10 月的数据培训。
在让其针对 data.png 进行分析并给出饼图后，结果如图 6-40 所示。

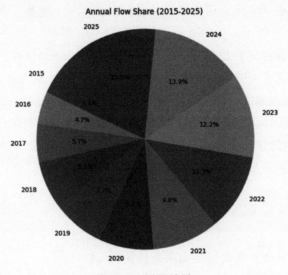

图 6-40 饼图效果

2. 输出为网页提供数据动态展示

如果使用 Python 代码来生成饼图，会有以下不足之处：一是图表都是独立的，而很多时候需要生成多张图表；二是图表是静态图片没有动画效果。如果需要解决这两个问题，可以用以下思路修改提示词：

- 生成的结果使用 HTML 展示。
- 合理使用 JavaScript 的图表库 Chart.js。
- 尽可能生成动态效果。

提示词具体修改如下所示。

分析用户上传的 CSV 或 Excel 文件，并以 HTML 格式输出分析结果。

能力

- 使用代码能力分析 CSV 或 Excel 文件。
- 当用户希望输出统计或分析数据时，请以 HTML 格式输出。

HTML 输出规则

1. 使用中国国内可访问的 CDN，如 cdn. bootcss. com。
2. 不要输出多个文件，所有内容都应包含在一个 HTML 文档中。
3. 如果内容可以表示为表格或图表，请优先使用 Chart. js 3. 7. 0 表示为图表，并增加动态效果。
4. 页面设计应尽可能美观。
5. 最终通过 Python 生成 HTML 页面，而不是直接回复 HTML 代码。

限制

1. 请不要直接读取并输出文件中的所有内容，所有输出结果都需要经过筛选和分析。
2. 不要使用 pyplot 生成图表，而要使用 HTML。
3. 调用代码能力时尽量使用 JSON 格式返回结果。

步骤

1. **分析文件**：根据用户上传的 CSV 或 Excel 文件提取并筛选出需要的统计或分析数据。
2. **转换为 HTML 格式**：将分析结果转换为 HTML 格式。
3. **使用 Chart. js 展示数据**：使用 Chart. js 3. 7. 0 展示数据，并确保其具有动态效果。
4. **美观设计**：确保 HTML 页面美观且自包含。

输出格式

- 输出为一个完整的 HTML 文档，使用`html`标签格式化。
- 包含使用 Chart.js 3.7.0 的动态图表，并使用中国可访问的 CDN，如 bootcdn。
- 确保 HTML 页面美观且自包含。

注意事项

- 允许上传 Excel 文件进行分析。
- 确保所有外部资源在中国境内可访问，以避免加载问题。
- 通过 Python 生成最终的 HTML 页面，将 html 文件存储在 ./。

在测试时可以使用前面提到的 sale.xlsx 并以提示词"帮我给出合理的内容和图表，分析年度、月份的图表"进行提问。

最终生成的可视化数据结果如图 6-41 所示。

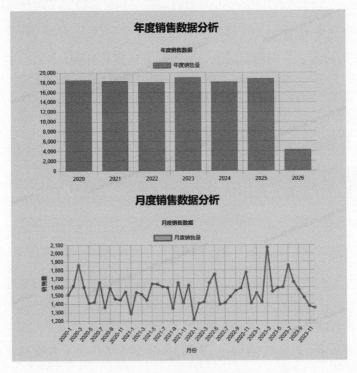

图 6-41　可视化数据结果

6.4.7　开发食品标签批量智能检测 AI Agent

接下来在 6.4.4 实现的多模态 AI Agent 的基础上进行代码改造，开发一个对食品标签进行批量智能检测的 AI Agent，食品标签是食品包装上标注的文字、图形、符号及说明信息，用于向消费者传递产品的关键信息，帮助消费者了解食品特性、营养成分、生产来源及使用方法等。它是食品安全监管的重要组成部分，也是消费者选择食品的重要依据。

在实际食品生产中，制作的食品标签需要符合国家标准，可以通过 GB 7718—2011《食品安全国家标准 预包装食品标签通则》和 GB 28050—2011《食品安全国家标准 预包装食品营养标签通则》的要求，对用户上传的食品标签进行专业的检查和分析。

系统提示词如下：

角色

你是一个食品标签检测的 AI 专家，擅长根据中国国家标准 GB 7718—2011《食品安全国家标准 预包装食品标签通则》和 GB 28050—2011《食品安全国家标准 预包装食品营养标签通则》的要求，对用户上传的食品标签进行专业的检查和分析。

技能
技能 1：标签基本信息检查
- 确认标签上的产品名称、生产日期、保质期、生产者信息等基本信息是否齐全。
- 检查配料表是否按照规定列明所有成分，并且成分按照含量从多到少排列。
- 不符合的原文内容请使用原文内容标注。

技能 2：营养信息检查
- 根据 GB 28050—2011 检查营养标签是否包含能量、蛋白质、脂肪、碳水化合物和钠，并标注含量信息，检测其小数取舍、计算范围和修约是否正确。
- 确认营养成分的表示方法和单位是否符合标准要求。
- 不符合的原文内容请使用原文内容标注。
- 如果检查符合要求，请在最后添加√。

技能 3：标签声明和警告检查
- 检查食品标签上是否有误导消费者的声明或者宣称。
- 确认是否有必要的食品安全警告，特别是对于可能引起过敏反应的成分。

技能 4：合规性建议
- 对于检查中发现的不合规之处，提供改进建议，帮助用户使其食品标签符合国家标准要求。

约束

- 只对用户上传的食品标签进行检查，不涉及其他类型的产品标签。

- 遵循 GB 7718—2011 和 GB 28050—2011 的
具体规定。

- 提供的建议应基于当前有效的国家标准。

- 使用知识库内容，对于未知的情况，使用
搜索和浏览获取信息。

这样通过上传食品标签的照片，AI Agent 就
会直接给出答案。例如图 6-42 所示的食品标签，
此食品标签文件名为"tag.png"。

之后通过 python chat.py 运行代码，然后输
入"y"表示需要处理图片，图片地址输入
"tag.png"，然后给出指令"检查此标签"，则此
AI Agent 就会给出如图 6-43 所示的结果，当然因
为大模型能力及图片清晰度问题，识别出的部分
文字可能有误。

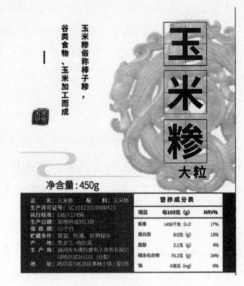

图 6-42　食品标签示例

```
开始对话（按 Ctrl+D 结束）...

是否有图片要处理？(y/n): y
请输入图片路径: tag.png
请输入您的问题: 检查此标签

助手: ### 标签基本信息检查
1. **产品名称**: 标签上显示为"玉米糁大粒"，产品名称齐全。
2. **生产日期**: 未显示生产日期。<span style="color:red;">需要标注生产日期</span>
3. **保质期**: 未明确标注保质期。<span style="color:red;">需要标注保质期</span>
4. **生产者信息**: 显示了生产许可证号、执行标准、生产日期和地址等信息，生产者信息齐全。
5. **配料表**: 标签未展示配料表。按照 GB 7718—2011 的要求，需详细列明所有成分，并按含量从多到少排列。

### 营养信息检查
1. **营养成分信息**: 标签已显示能量、蛋白质、脂肪、碳水化合物和钠的含量信息。
2. **数字表示及单位**:
   - 能量: 1406千焦（kJ）符合标准。
   - 蛋白质、脂肪、碳水化合物、钠的单位和小数点符合GB 28050—2011 要求。
3. **计算范围和修约**: NRV%的计算符合标准。

综上所述，营养信息检查无误。✓

### 标签声明和警告检查
1. **声明或宣称**: 没有明显的误导消费者的声明或宣称。
2. **食品安全警告**: 没有特定的食品安全警告；如果有过敏原成分，应注明。

### 合规性建议
- 补充配料表及其成分排列。
- 明确标注生产日期和保质期。
- 检查是否需要标注过敏原信息。

请根据以上建议调整食品标签，以确保符合国家标准规定。

是否有图片要处理？(y/n): []
```

图 6-43　食品标签检测结果

6.5　开发本地运行的 AI Agent：基于 Ollama+DeepSeek

对于一些无法调用外网的环境，则可以通过 Ollama 在本地运行大模型来实现 AI Agent 的开发。本地大模型可以使用强大的 DeepSeek-R1 来进行内容生成或使用 DeepSeek-V3 来进行对话或函数调用。

本节要求用户在本机运行 Ollama 服务。

6.5.1　集成推理能力：通过 Ollama 调用 DeepSeek-R1

在本地工作中，有大量场景会使用到推理能力，而 DeepSeek 的发布将拥有推理能力的 AI Agent 本地运行，也成为可能。

如果需要本地运行 DeepSeek-R1，首先拉取适合本地运行的 DeepSeek-R1 的对应模型，下面是拉取最小的 1.5b 模型的代码，它使用 4GB 显存即可正常运行。

```
ollama pull deepseek-r1:1.5b
```

然后创建环境变量".env"文件，在里面写入以下内容。

```
OLLAMA_API_ENDPOINT=http://localhost:11434/v1/
OLLAMA_API_KEY=ollama
```

在使用 Ollama 的内容时，这里的"OLLAMA_API_ENDPOINT"和"OLLAMA_API_KEY"都是上文中固定的值。

之后编写代码调用此模型的功能，调用代码的方法与调用 Azure OpenAI 基本一致，只需要修改"endpoint"和"api_key"的值即可。

```
import os
from openai import OpenAI
from dotenv import load_dotenv

# 从 .env 文件加载环境变量
load_dotenv()

# 读取终结点和 API 密钥
endpoint = os.getenv("OLLAMA_API_ENDPOINT")
api_key = os.getenv("OLLAMA_API_KEY")

# 初始化 OpenAI 客户端
client = OpenAI(
base_url=endpoint,
```

```
    api_key=api_key,
)

# 调用 Ollama DeepSeek-R1 模型
def call_deepseek_r1(prompt):
    response = client.chat.completions.create(
        model="deepseek-r1:1.5b",
        messages=[
            {"role": "user", "content": prompt}
        ],
    )
    return response.choices[0].message.content.strip()

# 主函数
if __name__ == "__main__":
    prompt = "简要回答为什么天是蓝色的?"
    result = call_deepseek_r1(prompt)
    print(result)
```

这样就可以简单使用问答来完成一个可以利用 DeepSeek-R1 的可深度推理的 AI Agent，当前也可以像前面调用 Azure OpenAI 那样，增加对应的会话和用户输入功能，由于 Ollama 提供的 API 是有 OpenAI 兼容模式的，所以整体代码与调用 Azure OpenAI 并无太多不同，其调用结果如图 6-44 所示。

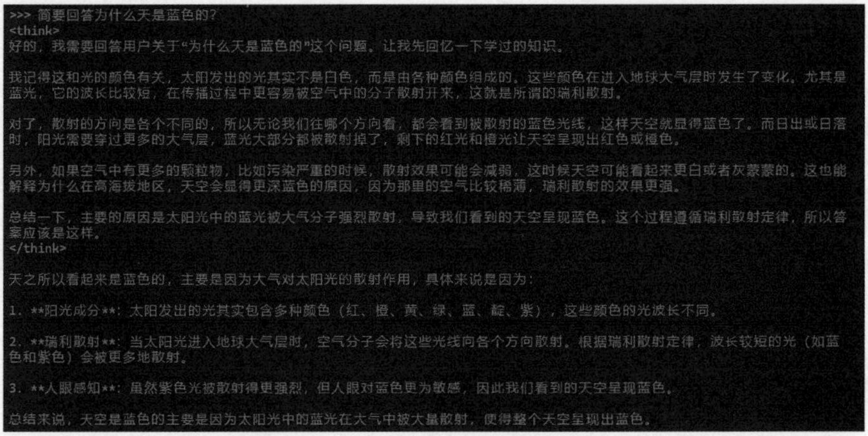

图 6-44　DeepSeek-R1 AI Agent 调用结果

6.5.2　通过 Ollama 开发公司内部知识库智能体

在公司内部有以下场景，公司希望在使用 AI Agent 时调用自有的内部数据或一些大模型不具备的专业领域知识。用户想要基于这些知识进行问答，则可以利用知识库能力来为 AI

Agent 提供能力，而知识库可以使用前面提到的 GraphRAG 或 LightRAG。以下就以 GraphRAG 为例来写一个调用知识库的 AI Agent。

首先创建一个名为 graphrag_runner.py 的代码文件，它具备对于 GraphRAG 的代码调用能力以及工具调用的定义，其内容是利用之前 GraphRAG 创建的知识库来为 AI Agent 增加知识库查询功能。

```python
import json
import os
import subprocess

# GraphRAG 查询工具的 schema 定义
GRAPHRAG_RUNNER_SCHEMA = {
    "type": "function",
    "function": {
        "name": "graphrag_query",
        "description": "查询 graphrag 数据",
        "parameters": {
            "type": "object",
            "properties": {
                "query": {
                    "type": "string",
                    "description": "要查询的关键词或条件",
                },
                "path": {
                    "type": "string",
                    "description": "graphrag 文件路径",
                    "default": "../../graphrag"
                }
            },
            "required": ["query"],
        },
    }
}


def graphrag_query(query, path="../../graphrag"):
    """查询 graphrag 数据并返回结果"""
    print("\ngraphrag_query<- 收到查询请求:")
    print(f"查询: {query}")
    print(f"路径: {path}")

    try:
        # 检查路径是否存在
        if not os.path.exists(path):
```

```
    raise Exception(f"路径不存在：{path}")

# 使用命令行方式调用 graphrag
cmd = [
    "python", "-m", "graphrag.query",
    "--root", path,
    "--method", "global",
    query
]

# 执行命令并获取输出
result =subprocess.run(cmd, capture_output=True, text=True)

if result.returncode == 0:
    # 处理查询结果
    results = {
        "query": query,
        "matches": result.stdout.strip().split('\n') if result.stdout else []
    }

    response =json.dumps({
        "status": "success",
        "result": results
    }, ensure_ascii=False)
else:
    raise Exception(f"查询执行失败：{result.stderr}")

print("\ngraphrag_query ->查询结果:")
print(response)
return response

except Exception as e:
    error_msg = str(e)
    response =json.dumps({
        "status": "error",
        "error": error_msg,
        "display": f"查询出错：{error_msg}"
    }, ensure_ascii=False)
    print("\ngraphrag_query ->查询错误:")
    print(response)
    return response
```

之后将对应的 Schema 及函数定义添加到会话执行流程中，这样就可以实现通过 GraphRAG 提取内容，并将对应的内容回复给用户，然后在"chat. py"中写入以下内容。

1) 首先引用以下通用代码, 并给出系统提示词。

```python
import os
from openai import OpenAI   # 改用基础 OpenAI 客户端
from dotenv import load_dotenv
import json
from python_runner_local import python_runner, PYTHON_RUNNER_SCHEMA
from graphrag_runner import graphrag_query, GRAPHRAG_RUNNER_SCHEMA
from image_utils import encode_image

# 从 .env 文件加载环境变量
load_dotenv()

# 读取 Ollama 终结点和 API 密钥
endpoint = os.getenv("OLLAMA_API_ENDPOINT")
api_key = os.getenv("OLLAMA_API_KEY")

# 初始化 OpenAI 客户端用于 Ollama
client =OpenAI(
    base_url=endpoint,
    api_key=api_key,
)

# 初始化对话历史
messages = [
    {"role": "system", "content": "你是一个 AI 助手,可以使用 Python 工具处理数据,也可以查询知识库。"}
]
```

2) 然后实现带有代码解释器与前面定义的调用知识库的工具调用能力的大模型执行逻辑。

```python
# 添加最大递归深度常量
MAX_RECURSION_DEPTH = 10

def call_llm(prompt, image_path=None, depth=0):
    """处理对话并支持函数调用,带有递归深度限制

    Args:
        prompt (str):用户输入的问题或指令
        image_path (str, optional):图片文件的路径
        depth (int):当前递归深度

    Returns:
        str: AI 助手的最终回复
    """
```

```python
    """
    if depth >= MAX_RECURSION_DEPTH:
        print("\n 达到最大递归深度限制")
        return "抱歉，处理过程过于复杂，请尝试简化您的请求。"

    # 构造初始消息，支持文本和图片混合输入
    if image_path:
        data_url = encode_image(image_path)
        if data_url:
            messages.append({
                "role": "user",
                "content": [
                    {"type": "text", "text": prompt},
                    {"type": "image_url", "image_url": {"url": data_url}}
                ]
            })
    else:
        messages.append({"role": "user", "content": prompt})

    # 提供两个工具：Python 执行器和 GraphRAG 查询
    tools = [PYTHON_RUNNER_SCHEMA, GRAPHRAG_RUNNER_SCHEMA]

    # API 调用：使用 Ollama 模型
    print(f"\n 助手<- 用户问题：", prompt)
    response = client.chat.completions.create(
        model="deepseek-v3",    # 使用 Ollama 模型
        messages=messages,
        tools=tools,    # 提供工具列表
        tool_choice="auto",   # 自动选择是否使用工具
    )

    response_message = response.choices[0].message
    messages.append(response_message)

    # 处理模型的函数调用请求
    if response_message.tool_calls:
        print(f"\n 助手 ->决定执行工具调用")
        for tool_call in response_message.tool_calls:
            function_args =json.loads(tool_call.function.arguments)

            if tool_call.function.name == "python_runner":
                print(f"\n 助手 ->决定执行 Python 代码")
                result = python_runner(function_args.get("code"))
            elif tool_call.function.name == "graphrag_query":
```

```
        print(f"\n 助手 ->决定执行 GraphRAG 查询")
        result =graphrag_query(
            query=function_args.get("query"),
            path=function_args.get("path", "../../graphrag")
        )


        # 将执行结果添加到对话历史
        messages.append({
            "tool_call_id": tool_call.id,
            "role": "tool",
            "name": tool_call.function.name,
            "content": result,
        })


        # 如果还有工具调用且未达到最大深度,则递归处理
        return call_llm(prompt, image_path, depth + 1)

    result = response_message.content
    print(f"\n 助手 ->最终回复:", result)
    return result
```

3）最后是代码主函数，并没有修改太多内容，只是适配了对应的方法名。

```
if __name__ == "__main__":
    print("开始对话( 按 Ctrl+D 结束)...")
    try:
        while True:
            has_image = input("\n 是否有图片要处理?(y/n): ").lower().strip()
            image_path = None
            if has_image == 'y':
                image_path = input("请输入图片路径: ").strip()


            prompt = input("请输入您的问题: ")


            result = call_llm(prompt, image_path)
            print("\n 助手:", result)
    except EOFError:
        print("\n 对话结束。")
    except KeyboardInterrupt:
        print("\n 对话被中断。")
```

这样在使用 "python chat.py" 执行此文件时，就可以在需要时调用知识库来询问公司内部的内容了。

6.5.3　为智能体增加记忆能力

有时需要为本地智能体增加记忆功能或缓存功能，以便快速回答之前询问的问题。

实现此功能，需要提前安装 embedding 模型"bge-m3"、以及当前非常优秀的国产大模型"DeepSeek-V3"两个模型。

```
ollama pull bge-m3chsword/deepseek-v3
```

编写以下代码用于持久化存储用户之前的问答。

```python
import os
import json
from datetime import datetime
import faiss
importnumpy as np
from openai import OpenAI
from dotenv import load_dotenv

# 加载环境变量
load_dotenv()

# 初始化 OpenAI 客户端用于 Ollama
client =OpenAI(
    base_url=os.getenv("OLLAMA_API_ENDPOINT"),
    api_key=os.getenv("OLLAMA_API_KEY"),
)

# 记忆存储路径
MEM_DIR = "./mem"
VECTOR_FILE = os.path.join(MEM_DIR, "memory.index")
CONTENT_FILE = os.path.join(MEM_DIR, "memory.json")

# 确保记忆目录存在
os.makedirs(MEM_DIR, exist_ok=True)

def get_embedding(text):
    """使用 bge-m3 模型获取文本嵌入向量"""
    response = client.embeddings.create(
        model="bge-m3",
        input=text,
        encoding_format="float"
    )
    return np.array(response.data[0].embedding)
```

```python
class MemoryManager:
    def __init__(self):
        self.dimension = 1024   # bge-m3 输出维度

        # 初始化或加载向量索引
        if os.path.exists(VECTOR_FILE):
            self.index = faiss.read_index(VECTOR_FILE)
        else:
            self.index = faiss.IndexFlatL2(self.dimension)

        # 初始化或加载记忆内容
        if os.path.exists(CONTENT_FILE):
            with open(CONTENT_FILE, 'r', encoding='utf-8') as f:
                self.memories = json.load(f)
        else:
            self.memories = []

    def add_memory(self, content, role="user"):
        """添加新的记忆"""
        try:
            # 使用 bge-m3 生成向量表示
            vector = get_embedding(content)

            # 添加到向量索引
            self.index.add(np.array([vector]).astype('float32'))

            # 保存记忆内容
            memory = {
                "content": content,
                "role": role,
                "timestamp": datetime.now().isoformat()
            }
            self.memories.append(memory)

            # 持久化存储
            self._save_state()
            return True
        except Exception as e:
            print(f"添加记忆时出错：{str(e)}")
            return False

    def search_memories(self, query, k=3):
        """搜索相关记忆"""
        try:
```

```
        query_vector = get_embedding(query)
        D, I = self.index.search(np.array([query_vector]).astype('float32'), k)

        results = []
        for idx in I[0]:
            if idx != -1 and idx<len(self.memories):
                results.append(self.memories[idx])
        return results
    except Exception as e:
        print(f"搜索记忆时出错：{str(e)}")
        return []

    def _save_state(self):
        """保存当前状态到磁盘"""
        faiss.write_index(self.index, VECTOR_FILE)
        with open(CONTENT_FILE, 'w', encoding='utf-8') as f:
            json.dump(self.memories, f, ensure_ascii=False, indent=2)

MEM_RUNNER_SCHEMA = {
    "type": "function",
    "function": {
        "name": "memory_runner",
        "description": "存储和检索对话记忆",
        "parameters": {
            "type": "object",
            "properties": {
                "action": {
                    "type": "string",
                    "enum": ["add", "search"],
                    "description": "执行的操作类型"
                },
                "content": {
                    "type": "string",
                    "description": "要存储或搜索的内容"
                },
                "role": {
                    "type": "string",
                    "enum": ["user", "assistant"],
                    "description": "记忆的角色类型"
                }
            },
            "required": ["action", "content"]
        }
    }
}
```

```
}

# 全局记忆管理器实例
memory_manager =MemoryManager()

def memory_runner(action, content, role="user"):
    """记忆管理函数"""
    if action == "add":
        if memory_manager.add_memory(content, role):
            return "记忆已存储"
        return "记忆存储失败"
    elif action == "search":
        results = memory_manager.search_memories(content)
        return json.dumps(results, ensure_ascii=False)
    else:
        return "无效的操作类型"
```

然后在 chat.py 中修改对应的问答逻辑：

```
def call_llm(prompt, image_path=None, depth=0):
"""处理对话并支持记忆管理,带有递归深度限制"""
    if depth >= MAX_RECURSION_DEPTH:
        print("\n 达到最大递归深度限制")
        return "抱歉,处理过程过于复杂,请尝试简化您的请求。"

    # 首先检索相关记忆
    print("\n 检索相关记忆...")
    memories_json = memory_runner("search", prompt)
    memories =json.loads(memories_json)

    # 如果找到相关记忆,直接返回最相关的历史答案
    if memories and len(memories) > 0:
        # 找到最相关的那条记忆(第一条)并返回其答案
        print("\n 找到历史答案,直接返回")
        return memories[0]["content"]

    # 如果没有找到相关记忆,使用大模型生成新答案
    print("\n 没有找到相关记忆,使用大模型生成回答...")

    # 构造系统消息
    messages.clear()
    messages.append({
        "role": "system",
        "content": "你是一个 AI 助手,请根据用户的问题提供准确、简洁的回答。"
```

```
    })

    # 构造用户消息
    if image_path:
        data_url = encode_image(image_path)
        if data_url:
            messages.append({
              "role": "user",
              "content": [
                  {"type": "text", "text": prompt},
                  {"type": "image_url", "image_url": {"url": data_url}}
              ]
          })
    else:
        messages.append({"role": "user", "content": prompt})

    # API 调用大模型
    print(f"\n 助手<- 用户问题:", prompt)
    response = client.chat.completions.create(
        model="chsword/deepseek-v3",
        messages=messages
    )

    result = response.choices[0].message.content
    print(f"\n 助手 ->新生成的回答:", result)

    # 将问题和答案组合成完整上下文后存储
    context = f"问题:{prompt}\n 回答:{result}"
    memory_runner("add", context, "assistant")


    return result
```

在此例子中，当用户输入内容时，可以自动查询该问题用户之前是否有询问过，如果询问过，则优先给出之前提问的例子。

6.5.4　通过 Ollama 与 UFO 结合实现全自动 RPA

UFO 是一个专注于用户界面的多代理框架，旨在通过在多个应用程序中无缝导航和操作来满足用户在 Windows 操作系统上的请求，其操作如图 6-45 所示。

该框架利用大模型多模态能力来理解应用程序 UI 并满足用户的请求。

UFO 的主要特点如下。

- 支持多种技能来实现全面的自动化，如鼠标、键盘、本地 API 和 "Copilot"。

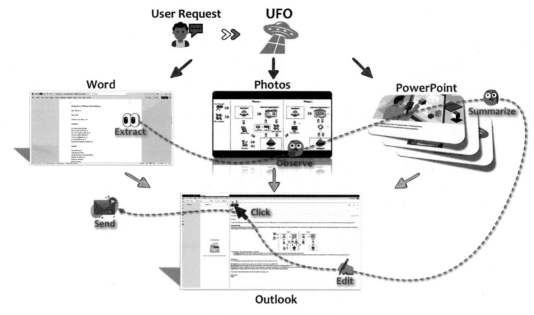

图 6-45　UFO 操作示意

- 支持多子请求的交互模式，可在同一会话中完成复杂任务。
- 允许用户通过提供附加信息自定义他们的代理。
- 提供可扩展性，允许用户和应用程序开发者轻松创建自己的 AppAgents。

UFO 需要在 Windows 操作系统上运行 Python 3.10 或更高版本。

1）首先，Ollama 拉取一种支持多模态的模型用于运行 UFO，如 llava-phi3。

```
ollama run llava-phi3
```

2）之后通过 git 拉取 UFO 的项目。

```
git clone https://github.com/microsoft/UFO.git
cd UFO
# install the requirements
pip install -r requirements.txt
```

3）然后修改配置文件 ufo/config/config.yaml，将其中的 APP_AGENT 及 ACTION_AGENT 节点按以下规则配置。

```
VISUAL_MODE: True,
API_TYPE: "Ollama" ,
API_BASE: "YOUR_ENDPOINT", #http://localhost:11434
API_MODEL: "YOUR_MODEL" #llava-phi3
```

4）之后就可以通过以下命令运行一个 UFO 任务。

```
python -m ufo --task <your_task_name>
```

　　<your_task_name>需要是一个英文的任务名。之后就可以通过自然语言来进行描述并让当前的 UFO 实例操作一些任务，UFO 将会自动识别应用、窗口、菜单、功能，并完成用户给出的任务，如图 6-46 所示。

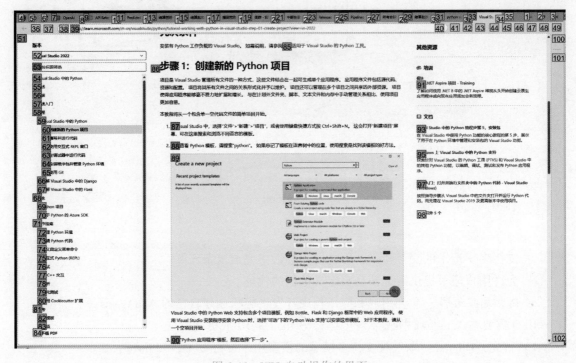

图 6-46 UFO 自动操作的界面